畜产食品工艺学实验指导

潘道东　主编

科学出版社

北　京

内 容 简 介

本书对肉、乳和蛋品生产的原料检验进行了简介，重点阐述了主要肉、乳和蛋制品的加工工艺，并对肉和乳制品的常规理化指标检测方法作了介绍。内容全面、系统，紧密结合生产实际，可操作性强，力求让学习者掌握畜产食品的加工工艺和检测评价手段。

本书主要以满足高等院校食品相关专业师生对巩固《畜产品加工学》课程基本理论、加强实践、实训教学和技能培养的需要为编写目的。同时，本书也可作为科研院所科技人员、农业推广技术人员以及食品加工企业从业人员的参考材料。

图书在版编目(CIP)数据

畜产食品工艺学实验指导/潘道东主编. —北京：科学出版社，2011.9
ISBN 978-7-03-032144-2

Ⅰ.①畜… Ⅱ.①潘… Ⅲ.①畜产品-食品加工-工艺学 Ⅳ.①TS251

中国版本图书馆 CIP 数据核字(2011)第 170342 号

责任编辑：陈 露 谭宏宇 / 责任校对：刘珊珊
责任印制：刘 学 / 封面设计：殷 靓

科学出版社出版
北京东黄城根北街 16 号
邮政编码：100717
http://www.sciencep.com
南京展望文化发展有限公司排版
江苏省句容市排印厂印刷
科学出版社发行 各地新华书店经销

*

2011 年 9 月第 一 版 开本：B5(720×1000)
2011 年 9 月第一次印刷 印张：9
印数：1—3 200 字数：168 000

定价：20.00 元

《畜产食品工艺学实验指导》编辑委员会

主　编　潘道东

副主编　张佳程　蒋爱民

　　　　曹锦轩　曾小群

前 言

随着我国市场经济的快速发展，国民的膳食消费结构发生了很大改变，肉、乳和蛋制品在日常饮食中的比重逐渐提高，促使畜产食品加工业得以快速发展。畜产品加工行业在过去的30年中发生了很大变化，涌现出大量新理论和新技术，许多先进的畜产品加工工艺、技术和设备由西方国家进入我国，而我国传统的畜产食品工艺也正在加快现代化技术改造的步伐。自我国第一本《畜产品加工学》教材于1980年出版以来，30年前作为畜牧学分支的畜产食品加工学现在已成为食品科学与工程学科的一门主干课程，学科内容和理论不断丰富，陆续有新的教材涌现出来。为了适应和推动行业的发展，为我国畜产食品工艺和检测培养人才，促进学生更好地掌握学科专业知识，增强动手操作技能，我们根据课程建设与教学改革的要求，组织编写了《畜产食品工艺学实验指导》教材，以满足高等院校食品相关专业师生的需要。同时，本书也可作为科研院所科技人员、农业推广技术人员以及食品加工企业从业人员的参考材料。

本书囊括了畜产食品主要的肉、乳和蛋制品加工工艺，除了加工工艺外，还包括肉、乳和蛋制品检测，具有较强的系统性；内容全面，紧密结合生产实际，着重提高学生动手技能，具有指导畜产食品生产的实用性。在编写过程中，我们力求语言通俗易懂，注重可操作性，使初学者在系统阅读该书后就能独立操作，掌握畜产食品的加工工艺和检测评价手段。全书由潘道东、张佳程、蒋爱民、曹锦轩和曾小群编写，由潘道东统稿。由于时间仓促，经验不足，书中难免有错误和不足之处，衷心希望读者批评指正。

编者

2011年6月

目　录

实验一　肉新鲜度的检验及肉质评定

【目的和要求】 通过对肉的感官检验、挥发性盐基氮、纳斯勒(Nessler)氏试剂氨反应、球蛋白沉淀反应、pH、硫化氢、细菌学检查等指标的测定，掌握肉的新鲜度评定方法。通过评定或测定原料肉的颜色、酸度、保水性、嫩度、大理石纹和熟肉率，掌握对原料肉品质评定的方法。

1.1　肉新鲜度的感官检验

肉新鲜度的感官检验是通过检验者的视觉、嗅觉、触觉及味觉等感觉器官，对肉的新鲜度进行检查。一般包括如下检验：① 在自然光线下，观察肉的表面及脂肪的色泽，有无污染附着物；② 用刀沿着肌纤维方向切开，观察断面的颜色；③ 在常温下用嗅觉闻其气味；④ 用食指按压肉表面，触感其硬度并观察指压凹陷恢复情况、表面干湿及是否发黏等；⑤ 称取碎肉样 20 g，放在烧杯中加水 10 mL，盖上表面皿罩，于电炉上加热，当加热至 50～60℃时，取下表面皿，嗅其气味。然后将肉样煮沸，静置观察肉汤的清亮程度、脂肪滴的大小。最后根据检验结果作出综合判定。各种肉的新鲜度感官检验指标见表 1－1 至表 1－3。

表 1－1　鲜猪肉感官指标(GB2722—81)

项　目	一级鲜度	二级鲜度
色　泽	肌肉有光泽，红色均匀，脂肪洁白	肌肉色稍暗，脂肪缺乏光泽
黏　度	外表微干或微湿润，不粘手	外表干燥或粘手，新切面湿润
弹　性	指压后的凹陷立即恢复	指压后的凹陷恢复慢且不能完全恢复
气　味	具有鲜猪肉正常气味	稍有氨味或酸味
煮沸后肉汤	透明澄清，脂肪团聚于表面，具有香味	稍有混浊，脂肪呈小滴浮于表面，无鲜味

表 1－2　鲜牛肉、鲜羊肉、鲜兔肉感官指标(GB2723—81)

项　目	一级鲜度	二级鲜度
色　泽	肌肉有光泽，红色均匀，脂肪洁白或淡黄色	肌肉色稍暗，切面尚有光泽，脂肪缺乏光泽
黏　度	外表微干或有风干膜，不粘手	外表干燥或粘手，新切面湿润
弹　性	指压后的凹陷立即恢复	指压后凹陷恢复慢且不能完全恢复
气　味	具有鲜猪肉、鲜羊肉、鲜兔肉的正常气味	稍有氨味和酸味
煮沸后肉汤	透明澄清，脂肪团聚于表面，具特有香味	稍有混浊，脂肪呈小滴浮于表面，香味差或无鲜味

表 1-3 鲜鸡肉感官指标(GB2724—81)

项　目	一 级 鲜 度	二 级 鲜 度
眼　球	眼球饱满	眼球皱缩凹陷,晶体稍浑浊
色　泽	皮肤有光泽,因品种不同而呈淡黄、淡红、灰白或灰黑等色,肌肉切面发光	皮肤色泽转暗,肌肉切面有光泽
黏　度	外表微干或微湿润,不粘手	外表干燥或粘手,新切面湿润
弹　性	指压后的凹陷立即恢复	指压后的凹陷恢复慢且不能完全恢复
气　味	具有鲜鸡肉的正常气味	无其他异味,唯腹腔内有轻度不快味
煮沸后肉汤	透明澄清,脂肪团聚于表面,具特有香味	稍有浑浊,脂肪呈小滴浮于表面,香味差或无鲜味

1.2 肉新鲜度的理化检验

肉新鲜度的理化检验方法较多,如挥发性盐基氮的测定、纳斯勒(Nessler)氏试剂氨反应、球蛋白沉淀反应、pH 的测定、硫化氢的测定、细菌学检查等。

1.2.1 挥发性盐基氮(TVB-N)的测定

1. 半微量定氮法

(1) 原理:蛋白质在酶和细菌的作用下分解后产生碱性含氮物质,有氨、伯胺、仲胺等,此类物质具有挥发性,可在碱性溶液中被蒸馏出来,用标准酸滴定,计算含量。

(2) 试剂:① 氧化镁混悬液;② 2%硼酸溶液(吸收液);③ 0.2%甲基红乙醇液;④ 0.1%亚甲蓝水溶液,使用时将③④等量混合为混合指示液;⑤ 0.01 N 盐酸标准溶液或 0.01 N 硫酸标准溶液。

(3) 仪器:① 半微量定氮装置:Markhan 氏式;② 微量滴定管:最小分度 0.01 mL。

(4) 操作方法

① 样液的制备:将样品去除脂肪、骨头及筋腱后,切碎搅匀,称取 10 g 于锥形瓶中,加 100 mL 水,不时振摇,浸渍 30 min 后过滤,滤液置于冰箱中备用。

② 测定:预先将盛有 10 mL 吸收液并加有 5～6 滴混合指示液的锥形瓶置于冷凝管下端,并使其下端插入锥形瓶内吸收液的液面下,精密吸取 5 mL 上述样品滤液于蒸馏器反应室内,加 5 mL 1%氧化镁混悬液,迅速盖塞,并加水以防漏气,通入蒸汽,待蒸汽充满蒸馏器内时即关闭蒸汽出口管。当冷凝管下端滴出第一滴冷凝水时开始记录时间,蒸馏 5 min 即停止。吸收液用 0.01 N 盐酸标准溶液或 0.01 N硫酸标准溶液滴定,终点呈蓝紫色。同时做试剂空白试验。

（5）计算

$$X_1 = \frac{(V_1 - V_2) \times N_1 \times 14}{m_1 \times 5/100} \times 100$$

式中，X_1——样品中挥发性盐基氮的含量，mg/100 g；

V_1——测定用样液消耗盐酸或硫酸标准溶液体积，mL；

V_2——试剂空白消耗盐酸或硫酸标准溶液体积，mL；

N_1——盐酸或硫酸标准溶液的摩尔浓度，mol/L；

m_1——样品质量，g；

14——1 mol/L 盐酸或硫酸标准溶液 1 mL 相当于氮的毫克数。

2. 微量扩散法

（1）原理：挥发性含氮物质在碱性溶液中释出，在 37℃的扩散皿中挥发后为吸收液所吸收，用标准酸滴定，计算其含量。

（2）试剂

① 饱和碳酸钾溶液：称取 50 g 碳酸钾，加 50 mL 水，微加热助溶，使用时取上清液。

② 水溶性胶：称取 10 g 阿拉伯胶，加 10 mL 水，再加 5 mL 甘油及 5 g 无水碳酸钾（或无水碳酸钠），研匀。

③ 吸收液：混合指示液、0.01 N 盐酸或硫酸标准溶液，与半微量定氮法相同。

（3）仪器

① 扩散皿（标准型）：玻璃质，内外室总直径 61 mm，内室直径 35 mm；外室深度 10 mm，内室深度 5 mm；外室壁厚 3 mm，内室壁厚 2.5 mm，毛玻璃盖，如图 1-1 所示，其他型号亦可用。

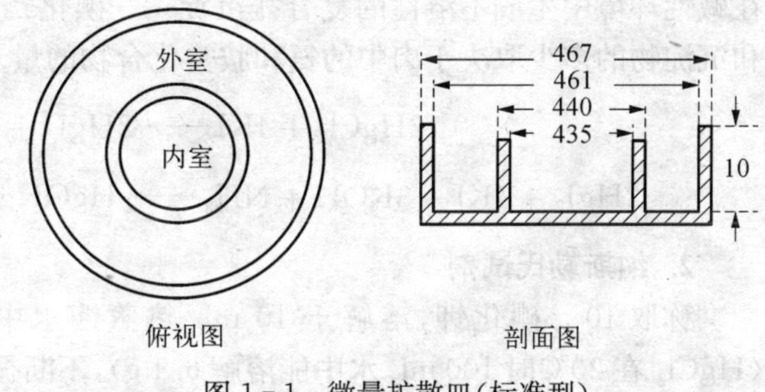

图 1-1　微量扩散皿（标准型）

② 微量滴定管：最小分度 0.01 mL。

（4）操作方法

① 将水溶性胶涂于扩散皿的边缘，在扩散皿的内室中加入 1 mL 吸收液及 1 滴混合指示液。在扩散皿外室的一侧，加入 1.00 mL 按半微量定氮法制备的样液，另一侧加入 1 mL 饱和碳酸钾溶液，注意勿使两滴接触，立即盖好毛玻璃盖；密封后将扩散皿于桌面上轻轻转动，使样液与碱液混合。

② 将扩散皿置于 37℃恒温箱内放置 2 h，揭去盖，用 0.01 N 盐酸标准溶液或硫酸标准溶液滴定内室的吸收液，终点呈蓝紫色。同时做试剂空白试验。

(5) 说明

① 加碳酸钾时应小心加入,不可溅入内室。

② 扩散皿应洁净、干燥,不带酸碱性。

③ 检样测定与空白试验均需各作 2 份平行试验。

④ 计算

$$X_2=\frac{(V_3-V_4)\times N_1\times 14}{m_1\times 5/100}\times 100$$

式中,X_2——样品中挥发性盐基氮的含量(mg/100 g);

V_3——测定用样液消耗盐酸或硫酸标准溶液体积(mL);

V_4——试剂空白消耗盐酸或硫酸标准溶液体积(mL);

N_1——盐酸或硫酸标准溶液的摩尔浓度(mol/L);

m_1——样品质量(g);

14——1 mol/L 盐酸或硫酸标准溶液 1 mL 相当氮的毫克数。

1.2.2　纳斯勒(Nessler)氏试剂氨反应

1. 原理

氨和胺类化合物是肉变质腐败时所产生的特征产物,它能够与纳斯勒氏试剂在碱性环境中生成不溶性的复合盐沉淀——碘化二亚汞铵(橙黄色),颜色的深浅和沉淀物的多少取决于肉中的氨和胺类化合物的量。反应式如下:

$$2HgCl_2+4KI\longrightarrow 2HgI_2+4KCl;$$

$$2HgI_2+4KI+3KOH+NH_3\longrightarrow HgOHgNH_2I+2H_2O+7KI$$

2. 纳斯勒氏试剂

称取 10 g 碘化钾,溶解于 10 mL 热蒸馏水中,陆续加入饱和氯化汞溶液($HgCl_2$ 在 20℃时 100 mL 水中能溶解 6.1 g),不断振摇,直到产生的珠红色沉淀不再溶解为止。然后向此溶液中加入 35%氢氧化钾溶液 80 mL,最后加入无氨蒸馏水将其稀释至 200 mL,静置 24 h 后,取上清液作为试剂。移于棕色瓶中,塞上橡皮塞,置阴凉处保存。

3. 仪器

试管、吸管、试管架。

4. 操作方法

(1) 肉浸出液的制备:用测定挥发性盐基氨时的肉浸出液。

(2) 具体操作:取 2 支试管,1 支内加入 1 mL 肉浸出液,另 1 支加入 1 mL 煮沸 2 次冷却的无氨蒸馏水作对照,然后向其中各滴入纳斯勒氏试剂,每加 1 滴振摇数次,并观察颜色的变化,一直加到 10 滴为止。

5. 判定标准

纳斯勒氏试剂反应结果判定见表 1－4:

表 1－4　纳斯勒氏试剂反应质量判定表

试剂滴数	颜色和沉淀的变化情况	氨和胺类的含量 (mg/100 g)	反应结果	肉的品质
10	颜色未变,没有混浊和沉淀	<16	－	新鲜肉
10	淡黄色,轻度混浊,无沉淀	16～20	±	次鲜肉
10	呈黄色,轻度混浊,稍有沉淀	21～30	＋	自溶肉
6	呈黄色或橙黄色,有沉淀	31～45	＋＋	腐败肉
1～5	明显的黄色或橙黄色,有较多沉淀	46 以上	＋＋＋	完全腐败肉

1.2.3　球蛋白沉淀反应

1. 原理

肌球蛋白也称肌凝蛋白,是构成肌纤维的主要蛋白质,它易溶于碱性溶液中,在酸性环境中则不溶解。当肉腐败变质时,由于肉中氨和盐胺类等碱性物质的蓄积,肉的酸度减小,pH 升高,使肌肉中球蛋白呈溶胶状态,在重金属盐(如硫酸铜)或者酸(如醋酸)的作用下发生凝结而沉淀。

2. 试剂

(1) 10%*醋酸溶液*:量取 10 mL 醋酸,加蒸馏水至 100 mL,混匀。

(2) 10%*硫酸铜溶液*:称取五水硫酸铜($CuSO_4 \cdot 5H_2O$)15.64 g,先以少量蒸馏水使其溶解,然后加蒸馏水稀释至 100 mL。

3. 仪器

试管,试管架,吸管,水浴锅。

4. 操作方法

(1) *肉浸出液的制备*:同"挥发性盐基氮"测定所用的肉浸出液(1∶10)。

(2) *具体操作*

① 醋酸沉淀法:向试管中加入肉浸出液 2 mL,加 10%醋酸 2 滴,将试管置于 80℃水浴 3 min,然后观察结果。

② 硫酸铜沉淀法:向试管中加入肉浸出液 2 mL,加 10%硫酸铜溶液 5 滴,振摇后静置 5 min,然后观察结果。

5. 判定标准

新鲜肉:液体清亮透明;次新鲜肉:液体稍混浊;变质肉:液体混浊,并有絮片或胶冻样沉淀物。

1.2.4　pH 的测定

1. 原理

家畜生前肌肉的 pH 为 7.1～7.2。宰后由于缺氧，肌肉中代谢方式发生改变，肌糖原无氧酵解，产生乳酸，三磷酸腺苷（ATP）迅速分解，使肉的 pH 下降。如宰后 1 h 的热鲜肉，其 pH 会降低至 6.2～6.3，宰后 24 h 的热鲜肉，其 pH 会降至 5.4～5.6，此 pH 在肉品加工中称为“排酸值”，它能一直持续到肉发生腐败分解之前，所以新鲜肉浸出液的 pH 通常在 5.4～6.2 范围之内。当肉发生腐败时，由于肉中的蛋白质在微生物的作用下，被分解为氨和胺类化合物等碱性物质，因而使肉的 pH 显著增高。

此外，家畜在宰前由于过劳、虚弱、患病等原因使能量消耗过大，肌肉中糖原减少，宰后肌肉中形成的乳酸和磷酸量也较少。在这种情况下，肉虽具有新鲜肉的感官特征，但却有较高的 pH(6.5～6.8)。因此，在测定肉浸出液的 pH 时，要考虑这方面的因素，测定肉的 pH 的方法，通常有比色法和电化学法，电化学法比较简便易行。

2. 试剂

(1) 指示剂：甲基红（pH 4.6～6.0）、溴麝香草酚蓝（pH 6.0～6.7）及酚红（pH 6.8～8.0）。

(2) 0.01%硝嗪黄溶液。

3. 仪器

天平，量筒，烧杯，锥形瓶，刻度吸管，剪刀，pH 精密试纸，比色箱，电位计，pH 计，酸度计。

4. 肉浸出液的制备

(1) 称取精肉样 10 g，剪成豆粒大小的小块（约 50～60 块），置于 200 mL 烧杯中，加 100 mL 蒸馏水，浸泡 15 min，其间振摇 3～4 次。

(2) 用滤纸将浸泡液过滤即为肉浸出液，备用。

5. 测定方法

(1) 比色法：利用不同的酸碱指示剂来指示出待测液的 pH。常用的比色法有 pH 试纸法和溶液比色法。

由于酸碱指示剂在溶液中随着溶液 pH 的改变而显示不同的颜色，而且溶液中氢离子浓度在一定范围内，某种指示剂的颜色深浅与离子浓度成比例。因此，可以利用不同指示剂的混合物显示的各种颜色来指示溶液的 pH。根据这一原理，制成一种由浅至深的标准试纸或标准比色管，测定时以指示剂呈现的颜色与标准比较。

① pH 试纸法：将 pH 精密试纸条的一端浸入被检肉浸出液中或直接贴在肉的新鲜切面上，数秒钟后取出与标准色板比较，直接读取 pH 的近似数值。

② 肉浸出液比色法：借助于比色箱进行测定，首先利用万能指示剂，预测待测

液的 pH 范围，以便选择适宜的指示剂（通常选用溴麝香草酚蓝），然后取 3 支专用的比色管分别加入 5 mL 肉浸出液，再加入 0.25 mL 指示剂，插于比色箱有玻璃侧的左右孔。由标准比色管排上取出蒸馏水管插于比色箱有玻璃侧的中间孔，再由与该指示剂相应的标准 pH 的比色管排上，选取 2 支与待测液管色调近似的标准 pH 比色管，插于比色箱无玻璃侧的左右孔。

此时，将比色箱举至距眼睛 25 cm 之水平处，侧向着光源进行比色，当某标准比色管颜色与加入指示剂的待测液管的颜色完全相同时，则该标准比色管上的 pH 数值就相当于待测液的 pH。如待测液的色度处于两标准比色管色度之间时，则采取其 pH 的平均值。

③ 硝嗪黄试剂反应法：取 0.01%硝嗪黄溶液 5～10 mL，注入类似蒸发皿样的白瓷皿中，再取待检样肉片 1～2 g，放入皿中，然后用小刀挤压肉片，挤出肉汁，观察溶液颜色变化。溶液呈深紫色者，pH 在 6.5 以上；溶液呈绿色者，pH 在 6.5；溶液无变化者，pH 在 6.5 以下。

此法不适用于宰后 pH 异常的病畜肉及 PSE 肉的检验。

(2) 电化学法：比色法只能测得粗略近似的 pH，有一定的局限性。而电化学法对于有色、浑浊及胶状溶液的 pH 都能够测量，准确度高。

① 酸度计法：该方法比较快速准确。将酸度计调零、校正、定位，然后将玻璃电极和参比电极插入容器内的肉浸出液中，按下读数开关，此时指针移动，到某一刻度处静止不动，读取指针所指的值，加上 pH 范围调节档上的数值，即为该肉浸出液的 pH。

② 电表 pH 计测定法：用电表 pH 计测定肉的 pH 时，只需将电表 pH 计的电极直接插入被检肉的组织中或新鲜切面上，使可直接读取肉（或馅）的 pH。

判定标准：新鲜肉 pH 5.8～6.2，次鲜肉 pH 6.3～6.6，变质肉 pH 6.7 以上。

1.2.5　硫化氢的测定

1. 原理

构成蛋白质的氨基酸中，半胱氨酸和胱氨酸含有巯基，在细菌酶的作用下能形成硫化氢，硫化氢与可溶性铅盐作用时，形成黑色的硫化铅沉淀。此种反应在碱性环境下进行，反应的灵敏度较高。因此，测定肉中的硫化氢时，醋酸铅碱性溶液常作为直接点肉法或滤纸法的试剂。其反应式如下：$H_2S + Pb(CH_3COO)_2 \longrightarrow PbS\downarrow + 2CH_3COOH$。

2. 试剂

醋酸铅碱性溶液：在 10%醋酸铅液内加入 10%氢氧化钠溶液，直到析出沉淀为止。

3. 仪器

100 mL 具塞锥形瓶，定性滤纸。

4. 测定方法和结果判定

(1) 醋酸铅滴肉法：将醋酸铅碱性溶液直接滴在肉面上，2～3 min 后，观察反应。正常新鲜肉无变化；腐败肉滴上试剂后就能出现褐色或黑色物质。

(2) 醋酸铅滤纸法

① 将被检肉剪成绿豆或黄豆粒大小的肉粒，放入 100 mL 带塞的三角烧瓶中，使之达到烧瓶容量的 1/3，铺平在瓶底。

② 瓶中悬挂经醋酸铅碱性溶液润湿过的滤纸条，略接近肉面，但不可与肉面接触，另一端固定在瓶颈内壁与瓶塞之间。

③ 在室温下放置 15 min 后，观察瓶内滤纸条的变色反应。

新鲜肉：滤纸条无变化。

次鲜肉：由于硫化铅的形成，滤纸条边缘变为淡褐色。

变质肉：由于硫化铅大量形成，滤纸条变为黑褐色或棕色。

(3) 滤纸贴肉法：用一条浸过醋酸铅碱性溶液的滤纸条，直接贴在肉切面上，有硫化氢时，纸条变为褐色或黑色。

1.2.6　细菌镜检

1. 原理

肉发生腐败变质的原因很多，但主要是腐败性细菌作用的结果。细菌污染肉体的路径，少数是内源性感染，多数外源性污染。污染肉体（或肉块）的细菌，可由表层向深层侵入，随着侵入的深度而发生菌类交替，即需氧菌仅在表面发育，厌氧菌在深层繁殖。检验时，要表里兼顾，表层和深层都要进行检验。

2. 仪器与试剂

革兰氏染色液一套，瑞特氏染色液，显微镜，有盖搪瓷盘，酒精灯，镊子，剪刀，载玻片。

3. 检验方法

(1) 肉样的采集：用灭菌镊子和剪刀采取。每个胴体（或肉块）采两个肉样，第一个由表层 1～1.5 cm 处采取，第二个由深层 2～4 cm 处采取。

(2) 触片的制作

① 无菌条件下，从肉样剪取蚕豆大小的肉块 1 个，用镊子夹住，将切面在载玻片上触压一下，制成触片。

② 在空气中自然干燥或经火焰固定后，用革兰氏染色法染色。

(3) 镜检：每个触片至少要检验 5 个视野，计算其中的球菌数和杆菌数，然后求出每个视野中球菌和杆菌的平均数。

4. 判定标准

(1) 新鲜肉：在载玻片上几乎不留肉的痕迹，着色不明显。在表层肉的触片上，可看到少数球菌或杆菌；在深层肉的触片上无细菌。

(2) 次鲜肉：由于肌肉组织开始分解，组织中含有大量的致密物质，触片着色良好。在表层肉的触片上，平均每个视野内可看到20～30个球菌或几个杆菌；在深层肉的触片上，不超过20个细菌。

(3) 变质肉：肌肉组织有明显的分解现象，触片高度着色。在表层肉和深层肉的触片上，平均细菌数都超过30个，其中以杆菌为主。当肉进一步腐败时，则球菌几乎完全消失，整个视野内布满杆菌。

1.3　原料肉的品质评定

1.3.1　仪器

肉色评分标准图，大理石纹评分图，定性滤纸，酸碱度计，钢环允许膨胀压力计，C-LM型肌肉嫩度仪，书写用硬质塑料板，分析天平。

1.3.2　肉色评定

肌肉颜色深浅取决于肌肉色素含量及色素所处的化学状态，肉色是反映肉新鲜度的主要指标，是商品肉最重要的感官指标之一。肌肉色素主要由肌红蛋白和血红蛋白以及微量细胞色素组成。肌红蛋白是最主要组分，约占总色素的67%。肌红蛋白的三种存在形式为还原型肌红蛋白(紫红)、氧合肌红蛋白(鲜红)、高铁肌红蛋白(褐色)赋予肌肉不同的色调。可见肌红蛋白的状态对肉色有很大影响。而肌红蛋白的化学状态又受到温度、氧气分压、pH、肉表面微生物活动、光照、腌制条件(渗透压)的影响。

肉色评定方法有主观评定法和客观评定法，主观评定法有目测法和比色板法，客观评定方法有光学测定法和化学测定法。

1. 目测法

目测法是在自然光下(忌强光和弱光)用肉眼观测肉样的方法。要求猪宰后2～3 h内取最后1根胸椎处背最长肌的新鲜切面，在室内正常光度下目测评分法评定；羊宰后1～2 h取肉样观测，或在4℃冰箱贮藏24 h后再观测。评分标准见表1-5：

表1-5　肉色评分标准*

肉　色	灰　白	微　红	正常鲜红	微暗红	暗　红
评分	1	2	3	4	5
肉质	劣质肉	不正常肉	正常肉	正常肉	正常肉

*为美国《肉色评分标准图》。由于我国的猪肉颜色较浅，故3～4分为正常肉。

2. 比色板评分法(Color score)

用标准肉比色板与肉样对照,并且测肉样评分。目前,国际上有美制、法制、日制等不同色谱或色块标准,其中美制最为通用。

(1) 取样部位和取样时间

取样部位:通常为眼肌中段。如果要测定全胴体肉色则需加测腰大肌、臀中肌、半膜肌和半腱肌四项。

取样时间:① 宰后 1~2 h 肌肉样本;② 宰后 24 h 眼肌中段(0~4℃贮藏)测冷却肉样本;③ 宰后充分成熟的肉样(0~4℃贮藏超过 48 h)。上述三种处理时间中②为最常用的取样时间。将肉样切开,新鲜切面上覆盖透氧薄膜在 0~4℃条件下静置 1 h 使表面色素充分氧合,肉样厚度不得少于 1.5 cm。

光照:将实验室内光照强度调至 750 lx 以上(用自然漫射光或荧光灯)。

(2) 仪器

美制 NPPC 比色板(1991 版):上有 5 个眼肌横切面的肉色分值级别从浅到深排列,用于肉色评分。1 分=灰白色(异常肉色),2 分=轻度灰白(倾向异常肉色),3 分=正常鲜红色,4 分=稍深红色(属于正常肉色),5 分=暗紫色(异常肉色)。

美制 NPPC 比色板(1994 版):该版用于目测半膜肌、半腱肌肉色分级评分,适用于生产流水线使用。该板上有 PSE(苍白松软渗水肉)、RSE(红色松软渗水肉)、RFN(红色坚挺不渗水肉—理想肉)、DFD(暗紫坚硬干燥肉)四个标准腿肌肉色样板,供检验员将猪肉对号入座分级评分。

(3) 操作

用比色板(1991 版)对照眼肌样本给出肉色分值。分值的精确度可判断到 0.5 分。用比色板(1994 版)对照腿肌肉样给出定性评估。

(4) 注意事项

其一,检测人员要回避了解待测样本的品种和生产厂家背景以免产生感情分值偏差。其二,比色板评分的结果如果用一般统计方法计算样本平均数和标准差很容易将劣质肉(5 分的 DFD 和 1 分的 PSE)平均成 3 分的优质肉。故肉色评分应将 5 个肉色级别的样本进行概率分布统计。

3. 光学法

(1) 取样部位及前处理

同比色板法。

(2) 仪器

色差计或波长测定仪。

(3) 操作

以色差仪为例,先将色差仪用校正板校准,然后将镜头垂直置于肉面上,镜口紧扣肉面(不能漏光),按下摄像按钮,肉色参数即自动存入微机。由于肉面颜色随位置而异,故每个肉面按每 15 cm^2 重复 4 次的频率不断改变位置重复度量,最后取平均数。参数的表示方式为:亮度(L^*)、红度(a^* 值)、黄度(b^* 值)、饱和度(saturation hunter)、色度(hue),以上参数对评定肉质有重要参考意义。PSE 肉的 L^* 值高,而 a^* 值低;DFD 反之。我国地方猪种肉色的 L^* 值相当高,但一般不是 PSE 特征,其原因是大理石纹白色反光所致,所以在肉色评定时应区别对待,不能硬搬国际标准将其定为 PSE 肉。

WSC－S 测色色差计操作步骤:① 将电源线插入仪器背后的电源插座内;② 根据需要选择一种测试头,将电缆插入仪器背后的插座内、拧紧;③ 按下电源开关和光源开关,使仪器预热 30 min;④ 根据需要设置各种流程;流程设置完毕后,仪器显示"0",测试头放在黑色平衡板上,片刻后按"校零"键,此时仪器显示"0.000 0";⑤ 用工作白板进行"校标";将测试头放在待测物上测定颜色;⑥ 测定结果以亮度(L^*)、红度(a^* 值)、黄度(b^* 值)表示。

4. 化学法

比色板法和物理学方法只能度量肉样表面颜色,属二维平面度量。化学测定是对肉样进行三维立体度量,测肉样的总色素含量。肉样色素定量方法有 Hornsey 法、Krzywicki 法、Trout 法等,其原理都是先提取后比色,Hornsey 法是国际最流行的方法。

(1) 取样部位及前处理

取样部位及时间同比色板法。将肉样约 50 g 在 0℃条件下研磨成肉糜。

(2) 仪器

萃取试管,相当于 shimadzu 四杯以上档次的光电比色计。

(3) 操作

称取 10 g 肉糜置于萃取试管中加 40 mL 丙酮、2 mL 蒸馏水,搅拌 30 s 使其混匀,再加 1 mL 浓盐酸(12 mol),将萃取试管用石蜡纸封口后于黑暗处净置过夜后过滤,过滤后的滤液立即移入 1 cm 比色杯上机比色,此时波长调至 640 nm(80%丙酮作空白对照),实验室温度控制在 20℃以下,迅速读取光密度 *OD* 值。

$$\text{肉样总色素浓度} = OD\ \text{值} \times 680(\mu g/g)$$

将肉样色素浓度乘以系数 0.67 即为肉样肌红蛋白的估计值。过滤应立刻测定,否则在操作过程中丙酮的挥发极易造成测定浓度偏高。

1.3.3　肉的系水力测定

肉的系水力指当肌肉在贮藏加工过程中,如冷冻、冻融、贮藏、加热熟化等,保持其原有水分与添加水分的能力。它是反映肌肉蛋白质结构和电荷变化极敏感的指标,肌肉失水直接影响其风味、嫩度和加工特性。

肌肉系水力的测定方法有压力法、霍夫曼法、离心法、肌肉透光值测定法、滴水损失法等。

压力法是目前使用最普遍的方法。我国现行的测定方法是用 35 kg 重量压力法度量肉样的失水率,失水率越高,系水力越低,保水性越差。

(1) 取样:在第 1～2 腰椎背最长肌处,切取 1.0 mm 厚的薄片,平置于干净的橡皮片上,再用直径 2.523 cm 的圆形取样器切取中心部肉样(圆面积为 5 cm^2)。

(2) 测定:切取的肉样用灵敏度为 0.001 g 的天平称重后将肉样置于两层纱布间,上下各垫 18 层定性中速滤纸。滤纸外各垫一块书写用硬质塑料板,然后放置于改装钢环允许土壤膨胀压缩仪上,均速加压至 35 kg,保持 5 min,撤除压力后立即称量肉样重。

(3) 计算:失水率=(加压前肉样重－加压后肉样重)/加压前肉样重×100%

1.3.4　肉的嫩度测定

肉的嫩度指煮熟的肉入口后,人们咀嚼时的口感惬意程度,它是由肌肉中肌纤维和肌原纤维的组织学、细胞学和分子结构决定的。一般来说,口感柔嫩,则表示容易咀嚼,这与肌肉纤维的直径大小有关,同时也与肌肉蛋白质的结构特性及其在物理、化学作用下发生的变性有关。肌肉嫩度是衡量肉品质优劣的重要指标,肌肉嫩度的评定方法,包括感官评定和仪器测定两类。

1. 感官评定

感官评定是依靠咀嚼和舌与颊对肌肉的软、硬与咀嚼的难易程度等方面进行综合评定,评定人员须经专门训练。感官评定可从以下三个方面进行:① 咬断肌纤维的难易程度;② 咬碎肌纤维的难易程度或达到正常吞咽程度时的咀嚼次数;③ 剩余残渣量。

这种方法直接反映了人们在正常食用条件下的感觉,是评定肌肉嫩度最常用的方法,但不可避免地受感官评定人员的主观情绪影响。实际操作时应尽可能多地组织评定人员,并固定取样部位,确定蒸煮时间,尽可能减少操作误差。

2. 仪器测定

常用的方法有剪切测定法、穿透测定法和破碎指数测定法等。其中,剪切测定法被普遍采用。该法借助沃布氏剪切仪(我国常用 C－LM 型肌肉嫩度计)测定,剪切肉样时所需的力,以 kg 为单位,数值越小,肉越细嫩,而数值越大,肉越粗老。使用该方法的关键是取样部位和肉样前处理必须标准化,否则测定值没有可比性。用肌肉嫩度计测定剪切肉样时的剪切力的大小来表示肌肉的嫩度,该方法的优点是数据比较客观。实验表明,剪切力值与感观评定法结果之间的相关系数达

0.60～0.85。测定时在80～85℃下，将肉样煮至中心温度达到75℃后取出冷却，采用直径为1.27 cm的取样器顺纤维方向戳取肉样，在室温条件下置于剪切仪上测量剪切肉样所需的力，用kg表示。重复三次，计算其平均值。

1.3.5　熟肉率测定

取500～1 000 g腰大肌用灵敏度为0.1 g的天平称重后，置于蒸锅屉上用热蒸汽蒸45 min，取出后冷却30～40 min或吊挂于室内无风阴凉处30 min后，称重，用下列公式计算：

$$熟肉率(\%)=\frac{蒸煮后肉样重}{蒸煮前肉样重}\times 100\%$$

肌肉受热后，发生一系列物理和化学变化，其中主要是肌肉蛋白质受热变性，导致肌原纤维紧缩，非极性氨基酸与周围的保护性囊结晶水结构破坏，进而形成疏水键，最终使肌肉中水分溢出。熟肉率反映了鲜肉经烹饪后的成品率，是一个十分重要的经济性指标。

1.3.6　酸碱度测定

先用金属棒在肌肉上刺一个孔，直接用便携式pH计测定背最长肌的酸碱度。按国际惯例，用最后一根胸椎部背最长肌中心处的pH表示，宰后在45 min内测定时，鲜肉的pH为5.9～6.5，次鲜肉的pH为6.6～6.7，腐败肉的pH为6.7以上，灰白水样(PSE)肉的pH一般为5.1～5.5。

肌肉酸碱度直接反映了肉的状态，如肉的僵直或成熟，也反映了肉中微生物生长情况。屠宰后肌肉中糖原在无氧条件下发生酵解作用，最终产物为乳酸，使肌肉pH趋于酸性，直至下降到抑制糖原酵解酶的活性为止。肌肉pH一般由7.0左右会下降至5.4～5.6。当肌肉开始腐败时，由于有机碱等的生成，又使肌肉pH略有回升。因此，测定肌肉的酸碱度变化可反映肌肉的品质变化。

1.3.7　大理石纹评定

大理石纹反映了肌内脂肪的分布状况。通常以最后一根胸椎处的背最长肌为样品，用大理石纹评分标准图结合目测评分法评定：肉样花纹中脂肪只有痕迹评1分；微量脂肪评2分；少量脂肪评3分；适量脂肪评4分；脂肪丰富则评5分。如课评定鲜肉时脂肪看不清楚，可将肉样置于4℃下贮藏24 h后再评定。

1.3.8　肉的气味鉴定

由于肉中含有特殊的挥发性物质或脂溶性物质，使得肉具有特殊的膻味。一般公畜肉比母畜肉的膻味重，老龄牛羊肉比幼龄牛羊肉膻味重。

评定肉的气味时，通常取右半胴体的前腿肉 500～1 000 g，放入铝锅内蒸 60 min，取出切成薄片，放入盘中，不加任何佐料，咀嚼并感官评定膻味的浓淡程度。

实验二　肉及肉制品的化学成分检验

【目的和要求】 通过对鲜肉及肉制品中的脂肪、蛋白质、淀粉以及硝酸盐和亚硝酸盐等成分进行检测，熟悉和掌握肉及肉制品化学成分的测定方法。

2.1　肉制品中粗脂肪的测定

2.1.1　索氏抽提法

1. 原理

将粉碎或经过前处理的试样，放入圆筒滤纸内，将滤纸置于索氏提取管中，利用无水乙醚或石油醚等溶剂抽提后，提取试样中的脂类于接收瓶中，经蒸发去除乙醚或石油醚，称量烧瓶中残留物质量，即为试样中脂肪含量。本法抽提物除含有游离脂肪外，还有游离脂肪酸、磷脂、胆固醇、芳香油、少量色素和有机酸等，因此称为粗脂肪。

此法适用于脂类含量较高，且主要是含游离脂肪的食品。

2. 试剂与仪器

无水乙醚，无水硫酸钠，海砂，索氏抽提器，电热恒温水浴（50～80℃），电热恒温烘箱。

3. 操作方法

（1）索氏抽提器的准备：索氏抽提器是由回流冷凝器（1）、提脂管（2）、烧瓶（3）三部分组成，见图 2-1。抽提脂肪之前，应将各部分洗涤干净并干燥，烧瓶需烘干，并称至恒重。

（2）滤纸筒的制备：将滤纸裁成 8 cm×15 cm 大小，以直径为 2.0 cm 大试管为模型，将滤纸紧靠试管壁卷成圆筒形，底端封口，内放一小团脱脂棉，用白细线捆好定型。

（3）样品制备：称取 2～4 g 样品置于蒸发皿中，加入5 g 海砂，再加入无水硫酸钠 10 g 混匀，全部移入滤纸筒内，蒸发采用附图 2-1 索氏提取器装样品的提脂管，用沾有乙醚的脱脂棉擦净，并将此棉花放入滤纸筒内。

（4）抽提：将装有试样的滤纸筒放入带有虹吸管的提脂管中，接上冷凝管，由冷凝管上端加入无水乙醚至接收烧瓶内容积 2/3，于水浴（50～60℃）上加热，控制乙醚回流量，约每分钟滴下乙醚 80 滴左右，一般抽提 3～4 h，至抽

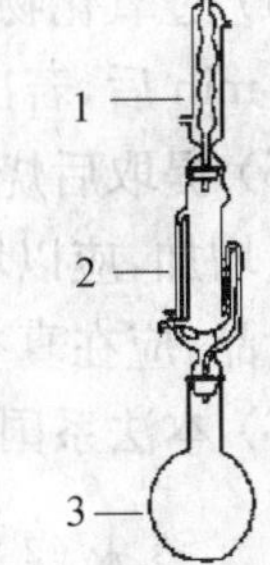

图 2-1　索氏提取器

1—冷凝器；2—提脂管；3—圆底烧瓶

提管下口滴下的乙醚滴在干净的滤纸上，挥发后不留下油脂的痕迹，表示抽提完全。

(5) 回收溶剂：取出滤纸筒，用抽提器回收乙醚，当乙醚在提脂管内即将发生虹吸时立即取下提脂管，将其下口放到盛乙醚的试剂瓶口，使液面超过虹吸管，乙醚即从虹吸管流入试剂瓶内，按同法继续回收。待乙醚抽提完后，取下提脂瓶，于水浴上蒸去残留乙醚，用纱布擦净烧瓶外部，于100～105℃烘箱中干燥2 h，再放入干燥器内冷却25 min后称重。

4. 计算

$$X=\frac{m_1-m_0}{m_2}\times 100\%$$

式中，X——样品中脂肪的含量，%；

m_1——含脂肪的接收瓶的质量，g；

m_0——接收瓶的质量，g；

m_2——样品的质量，g。

5. 说明

(1) 对半固体样品，称取5～10 g于蒸发皿中，加入海砂约20 g于95～105℃条件下干燥研细，再全部移入滤纸筒内；

(2) 装样品的滤纸筒一定要严密，不能往外漏样品，但也不要包得太紧，影响溶剂渗透，放入滤纸筒高度不要超过回流弯管，否则超过弯管的样品中的脂肪不能提尽，造成误差；

(3) 抽提用的乙醚或石油醚要求无水、无醇、无过氧化物、挥发残渣含量低。水和醇可导致水溶性物质(样品中糖和无机盐)溶解使得测定结果偏高；乙醚中存在过氧化物，会导致脂肪氧化，在烘干时也有引起爆炸的危险；

(4) 过氧化物的检查方法：取6 mL乙醚，加2 mL 10%碘化钾溶液，用力振摇放置1 min后，若出现黄色，则证明有过氧化物，应另选乙醚或处理后再用；

(5) 提取后烧瓶烘干称量过程中，加热过久会因脂类氧化而增重，故在恒重后若质量增加，应以增重前的质量作为恒重，为避免脂肪氧化造成的误差，对富含脂肪的食品，应在真空干燥箱中干燥；

(6) 本法系国家标准GB50096—85中食品脂肪的测定方法。

2.1.2　酸水解法

1. 原理

样品经酸水解后用乙醚提取，除去溶剂即得游离及结合脂肪总量。

2. 仪器与试剂

盐酸，95%乙醇，乙醚，石油醚，100 mL 具塞刻度量筒。

3. 样品处理和操作方法

① 精密称取约 2 g，置于 50 mL 大试管内，加 8 mL 水，混匀后再加 10 mL 盐酸。

② 将试管放入 70～80℃水浴中，每隔 5～10 min 用玻璃棒搅拌一次，至样品消化完全为止，约 40～50 min。

③ 取出试管，加入 10 mL 乙醇，混合。冷却后将混合物移至 100 mL 具塞量筒中，以 25 mL 乙醚分次洗试管，一并倒入量筒中。待乙醚全部倒入量筒后，加塞振摇 1 min，小心开塞，放出气体，再塞好，静置 12 min，小心开塞，并用石油醚-乙醚等量混合液冲洗塞及筒口附着的脂肪。静置 10～20 min，待上部液体清晰，吸出上清液于已恒量的锥形瓶内，再加 5 mL 乙醚于具塞量筒内，振摇，静置后，仍将上层乙醚吸出，放入原锥形瓶内。将锥形瓶置水浴上蒸干，置 95～105℃烘箱中干燥 2 h，取出放干燥器内冷却 0.5 h 后称量。

④ 计算同索氏抽提法。

2.2　肉及肉制品中粗蛋白质含量的测定

2.2.1　基本原理

蛋白质是含氮的有机化合物，食品与硫酸和硫酸铜、硫酸钾一同加热消化，使蛋白质分解，分解产生的氨与硫酸结合生成硫酸铵。然后碱化蒸馏使氨游离，用硼酸吸收后以硫酸或盐酸标准滴定溶液滴定，根据酸的消耗量乘以换算系数，即为蛋白质的含量。在食品原料中，还包括有非蛋白质氮的化合物，如核酸、含氮碳水化合物、生物碱、含氮类脂、卟啉和含氮色素等。因此，用凯氏定氮法测定蛋白质含量的同时，还包括非蛋白质的含氮部分，故结果称为粗蛋白质含量。凯氏定氮法，经长期改进已演变为常量法、微量法、自动定氮仪法及改良式微量凯氏法等多种方法。其反应过程可分为以下几步：

消化：$NH_2(CH_2)COOH + H_2SO_4 \longrightarrow NH_2(CH_2)OH + H_2O + SO_2\uparrow$；$NH_2(CH_2)OH + 2H_2SO_4 \longrightarrow NH_3 + CO_2\uparrow + 2SO_2\uparrow + 3H_2O$；$2NH_3 + H_2SO_4 \longrightarrow (NH_4)_2SO_4$

蒸馏：$(NH_4)_2SO_4 + 2NaOH \longrightarrow 2NH_3\uparrow + Na_2SO_4 + 2H_2O$

吸收：蒸馏出来的氨用硼酸吸收，$2NH_3 + 4H_3BO_3 \longrightarrow (NH_4)_2B_4O_7 + 5H_2O$

滴定：吸收液用盐酸标准液滴定，$(NH_4)_2B_4O_7 + 2HCl + 5H_2O \longrightarrow 2NH_4Cl + 4H_3BO_3$

2.2.2 试剂

硫酸铜($CuSO_4 \cdot 5H_2O$);硫酸钾;硫酸(密度为 1.841 9 g/L);2%硼酸溶液;40%氢氧化钠溶液;0.05 mol/L 盐酸标准滴定溶液;混合指示液:1 份 0.1%甲基红乙醇溶液与 5 份 0.1%溴甲酚绿乙醇溶液临用时混合。也可用 2 份 0.1%甲基红乙醇溶液与 1 份 0.1%亚甲基蓝乙醇溶液临用时混合。

2.2.3 仪器

凯氏烧瓶(100 mL);小漏斗;容量瓶(100 mL);接收瓶(小三角瓶);微量滴定管(2 mL 或 10 mL);凯氏定氮装置。

2.2.4 操作步骤

1. 试样处理

称取 0.20～2.00 g 固体试样或 2.00～5.00 g 半固体试样或吸取 10.0～25.0 mL液体试样(相当氮 30～40 mg),移入干燥的 100 mL 或500 mL 定氮瓶中,如图 2-2。

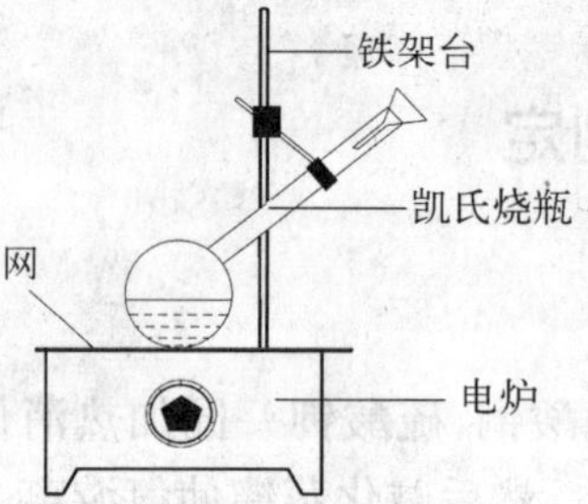

图 2-2 消化装置

2. 消化

加入 0.2 g 硫酸铜,6 g 硫酸钾及 20 mL 硫酸,稍摇匀后于瓶口放一小漏斗,将瓶斜置于电炉上,在通风橱内加热消化。先小火加热,待内容物全部炭化,泡沫完全停止后,加大火力,保持瓶内液体微沸,至液体呈蓝绿色澄清透明后,再继续加热 0.5 h 取下冷却。

3. 定容

沿瓶壁加入少量蒸馏水稍加稀释,移入 100 mL 容量瓶中,并用少量水冲洗定氮瓶,洗液并入容量瓶中,再加水至刻度,混匀备用。同时做试剂空白试验。

4. 蒸馏

按图 2-3 装好凯氏定氮装置。

于蒸气发生器内装蒸馏水至三分之二处,加入数粒玻璃珠,加甲基红指示液数滴及数毫升盐酸标准液,以保持水呈酸性,加热煮沸蒸气发生器内的水。

向吸收瓶内加入 10 mL 硼酸溶液(2%)及 1～2 滴混合指示液,并使冷凝管的下端插入液面下,准确吸取 10 mL 试样处理液由小玻杯(进样口)流入反应室,并以 10 mL 水洗涤小烧杯使流入反应室内,塞紧进样口。

将 10 mL 40%氢氧化钠溶液倒入小玻杯,提起玻塞使其缓缓流入反应室,立即将玻塞盖紧,并加水于小玻杯以防漏气。打开螺旋夹,开始蒸馏计时。蒸汽通入反应室使氨通过冷凝管而进入吸收瓶内，蒸馏 5 min。移动吸收瓶，使冷凝管下端离开吸收瓶液面，再蒸馏 1 min。然后用少量水冲洗冷凝管下端外部。

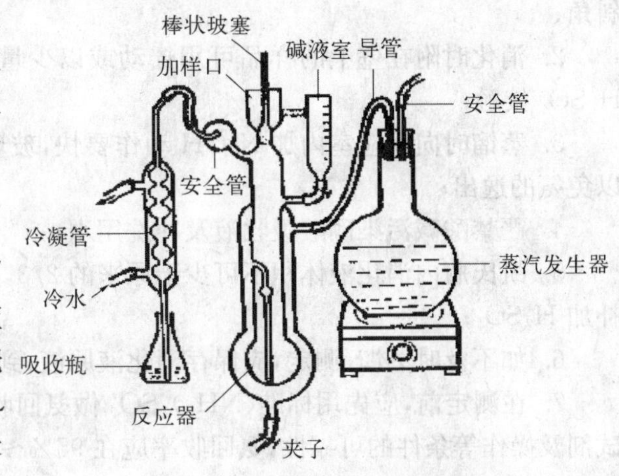

图 2-3　微量凯氏定氮蒸馏装置

5. 滴定

取下接收瓶。以 0.05 mol/L 盐酸标准溶液滴定至灰色或蓝紫色为终点，记录所用酸液的毫升数(V_1)。同时准确吸取10 mL 试剂空白消化液同上操作，记录所用酸液的毫升数(V_2)。

6. 冲洗反应室

蒸馏完毕，由小玻杯中倒入适量的蒸馏水(待蒸气很足、反应室外壳温度很高时)，一手轻提棒状玻塞使冷水流入反应室，同时立即用另一手旋紧螺旋夹，切断气源，使反应室内的废液自动吸出至外层中，如此反复洗三次后，打开螺旋夹，使废液排走，然后可进行下一样品的测定。

7. 计算结果

试样中蛋白质的含量按下式进行计算

$$粗蛋白\ X(\%)=\frac{(V_1-V_2)\times m\times 0.014}{W\times\frac{10}{100}}\times F\times 100$$

式中，X——试样中蛋白质的含量(g/100 g 或 g/100 mL)；

V_1——试样消耗硫酸或盐酸标准滴定液的体积，mL；

V_2——试剂空白消耗硫酸或盐酸标准滴定液的体积，mL；

N——硫酸或盐酸标准滴定溶液浓度，mol/L；

0.0140——每毫升盐酸标准液相当氮的质量，g；

W——试样的质量，g；

F——氮换算为蛋白质的系数。

一般乳制品为 6.38；面粉为 5.70；玉米、高粱为 6.24；花生为 5.46；米为 5.95；大豆及其制品为 5.71；肉与肉制品为 6.25；大麦、小米、燕麦为 5.83；芝麻、向日葵为 5.30。

2.2.5　注意事项

1. 凯氏烧瓶应洗净干燥，移入样品时防止粘在颈壁，在电热架上最好成 45°

斜角；

2. 消化时附在壁上的样品可用摇动或以少量 H_2SO_4 冲下，保证样品全部与 H_2SO_4 接触；

3. 蒸馏时向反应室内加 NaOH 动作要快，玻璃塞塞严并立即用少量水密封，以免氨的逸出；

4. 严禁酸碱污染硼酸吸收液及冲洗用水；

5. 凯氏瓶内消化液体积不可少于原来的 2/3，更不可蒸干，发现损失较多时要补加 H_2SO_4；

6. 如不及时蒸馏、测定，应保存消化液原液，到蒸馏时再稀释定容；

7. 在测定前，应先用标准 $(NH_4)_2SO_4$ 做氨回收率的测定，借以验证所用仪器、试剂及操作等条件的可靠性，氨回收率应在 95%～105%之间；

8. 蒸馏完毕后，应先将冷凝管下端提离液面清洗管口，再蒸 1 分钟后关掉热源，否则可能造成吸收液倒吸。

2.3　肉制品中淀粉的测定

2.3.1　原理

试样测完粗脂肪后，洗去可溶性糖，用酸水解，使淀粉转化为还原糖，再用斐林试剂法滴定，计算出淀粉含量。

2.3.2　试剂

(1) 斐林氏甲液：称取 15 g 硫酸铜及 0.05 g 次甲基蓝，溶于水中并稀释至 1 000 mL。

(2) 斐林氏乙液：称取 50 g 酒石酸钾钠及 75 g 氢氧化钠，溶于水中，再加入 4 g 亚铁氰化钾，完全溶解后，用水稀释至 1 000 mL，贮存于橡胶塞玻璃瓶内。

(3) 20%乙酸铅溶液，30%氢氧化钠溶液，10%硫酸钠溶液，浓盐酸，1%酚红指示剂。

2.3.3　操作步骤

将测完粗脂肪的样品从抽提器中取出，挥干乙醚后，连同纸包一同放入 500 mL 磨口瓶中，加水 30 mL，浸泡 10 min 后，将水弃掉，如此步骤洗涤 3 次。再加水 100 mL，加 7 mL 浓盐酸，在水浴上水解 1 h，冷却。用酚红做指示剂，用 30%氢氧化钠溶液中和至中性，转入 500 mL 容量瓶中，加 20%乙酸铅溶液 20 mL 摇匀，再加 10%硫酸钠溶液 10 mL，定容后摇匀。过滤后以滤液做试样，按斐林试剂滴定法测定还原糖含量，并计算出淀粉含量。

2.3.4　计算

$$淀粉\% = 还原糖 \times 0.9$$

2.3.5　说明

用测粗脂肪后的样品洗去可溶性糖后水解，直接测定淀粉含量，操作简便，分析速度快，节约试剂，精密度和准确度较好，适合在实际检验中应用。

2.4　肉制品中亚硝酸盐的测定

2.4.1　测定原理

样品经沉淀蛋白质，除去脂肪后，在弱酸条件下与对氨基苯磺酸重氮化后，再与N-1-萘基乙二胺偶合形成紫红色染料，与标准溶液比较定量。

2.4.2　试剂

(1) 氯化铵缓冲液：在1 L玻璃烧杯中，加入500 mL水，准确加入20 mL浓盐酸，混匀，准确加入50 mL氨水，必要时用稀盐酸和稀氨水调试pH至9.6～9.7。

(2) 硫酸锌溶液(0.42 mol/L)：称取120 g硫酸锌用水溶解，并稀释至1 000 mL。

(3) 氢氧化钠溶液(20 g/L)：称取20 g氢氧化钠用水溶解，稀释至1 000 mL。

(4) 对氨基苯磺酸溶液：称取1 g对氨基苯磺酸，溶于70 mL水和30 mL醋酸中，置棕色瓶中混匀，室温保存。

(5) N-1-萘基乙二胺溶液：称取0.1 g N-1-萘基乙二胺，加60%醋酸溶解，并稀释至100 mL，混匀后，置棕色瓶中，在冰箱中保存，一周内稳定。

(6) 显色剂：临用前将N-1-萘基乙二胺和对氨基苯磺酸溶液等体积混合。

(7) 亚硝酸钠储备溶液：准确称取0.25 g于硅胶干燥器中干燥24 h的亚硝酸钠，加水溶解移入500 mL容量瓶中，加100 mL氯化铵缓冲液，加水稀释至刻度，混匀，在4℃避光保存，此溶液每毫升相当于500 μg的亚硝酸钠，作准备液。

(8) 亚硝酸钠标准工作液：临用前，吸取亚硝酸钠储备溶液1.0 mL置于100 mL容量瓶中，加水稀至刻度，此溶液每毫升相当于5.0 μg亚硝酸钠。

2.4.3　仪器

小型绞肉机，匀浆器，分光光度计。

2.4.4 操作方法

1. 样品处理

称取约10.0 g经绞碎混匀的样品，置于匀浆器中，加70 mL水和12 mL的氢氧化钠溶液，混匀，用氢氧化钠溶液调样品pH至8.0，转移至250 mL容量瓶中，加10 mL硫酸锌溶液，混匀，如不产生白色沉淀，再补加2～5 mL氢氧化钠，混匀，置60℃水浴中加热10 min，取出后冷至室温，加水至刻度，混匀。放置0.5 h，除去上层脂肪，用滤纸过滤，弃去初滤液20 mL，收集滤液备用。

2. 测定

(1) 亚硝酸盐标准曲线的制备：吸取0，0.5，1.0，2.0，3.0，4.0，5.0 mL亚硝酸钠标准工作液分别置于25 mL具塞比色管中，于标准管中分别加入4.5 mL氯化铵缓冲，加2.5 mL 60％醋酸后，立即加入5.0 mL显色剂，加水至25 mL，于波长550 nm处测吸光度，绘制标准曲线，求出回归方程。低含量样品以制备低含量标准曲线计算，标准系列为0，0.4，0.8，1.2，1.6，2.0 mL亚硝酸盐标准工作液（相当于0，2，4，8，1.0 μg亚硝酸钠）。

(2) 样品测定：吸取10 mL样品滤液于25 mL具塞红色管中，其他试剂按标准系列法操作，同时做试剂空白。

3. 结果计算

亚硝酸盐（以亚硝酸钠计）的含量按下式进行计算：

$$X_1 = \frac{m_2}{m_1 \times (V_2/V_1)}$$

式中，X_1——样品中亚硝酸盐的含量，mg/kg；

m_1——样品质量，g；

m_2——测定用亚硝酸盐标准工作液中亚硝酸盐的质量，μg；

V_1——样品处理液总体积，mL；

V_2——测定用亚硝酸盐标准工作液体积，mL。

结果的表述：报告算术均值的两位有效数。允许差：相对相差≤10％。以重复性条件下获得的两次独立测定结果的算术平均值表示，结果保留两位有效数字。

2.5 肉制品中硝酸盐的测定

2.5.1 实验原理

样品经沉淀蛋白质，除去脂肪后，溶液通过镉柱，使其中的硝酸根离子还原成亚硝酸根离子，在弱酸性条件下，亚硝酸根与对氨基苯磺酸重氮化后，再与 N-1-萘基乙二胺偶合形成红色染料，测得亚硝酸盐总量，由总量减去亚硝酸盐含量即得硝酸盐含量。

2.5.2　试剂

(1) 氯化铵缓冲溶液

(2) 硫酸镉溶液：称取 37 g 硫酸镉用水溶解，稀释至 1 000 mL。

(3) 盐酸溶液：吸取 8.4 mL 浓盐酸，用水稀释至 1 000 mL。

(4) 硝酸钠储备溶液：准确称取 0.5 000 g 于 110～120℃干燥恒重的硝酸钠，加水溶解，移至 500 mL 容量瓶中，加 50 mL 氯化铵缓冲液，用水稀释至刻度，混匀，在 4℃冰箱中避光，保存，此溶液每毫升相当于 1 mg 硝酸钠。

(5) 硝酸钠标准工作液：临用时吸取硝酸钠储备溶液 1 mL，置于 100 mL 容量瓶中，加水稀释至刻度，混匀，临用时现配，此溶液每毫升相当于 10 μg 硝酸钠。

(6) 亚硝酸钠标准工作液：同上。

(7) 镉柱及制备：如图 2-4 所示。于500 mL 硫酸镉溶液中，投入足够的锌棒经 3～4 h，当其中的镉全部被锌置换后，用玻璃棒轻轻刮下，取出残余锌棒，使镉沉淀，倾去上层清液，以水用倾斜法多次洗涤，然后移入粉碎机中，加 500 mL 水捣散约 2 s，用水将金属细粒洗至标准筛上，取 20～40 目之间的部分，置试剂瓶中，用水封盖保存，备用。

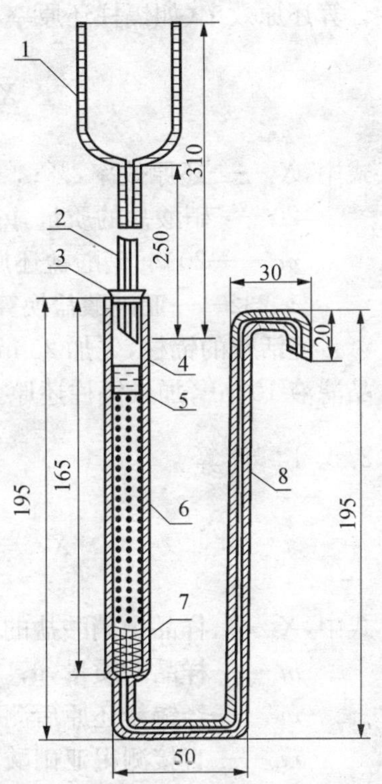

图 2-4　镉柱示意图

1—储液漏斗；2—进液毛细管；3—橡皮塞；4—镉柱玻璃管；5、7—玻璃棉；6—海绵状镉；8—出液毛细管

2.5.3　操作方法

镉柱还原效率的测定，取 25 mL 酸式滴定管数支，向柱底压入 1 cm 高的玻璃棉作垫，上置一小漏斗，将新置的镉柱带水加入柱内，边装边轻敲击柱，排除柱内空气，加镉粉至 8～10 cm 高，上面用 1 cm 高的玻璃棉覆盖，上置一贮液漏斗。当镉柱填装好后，先用 25 mL 盐酸洗涤，再以水洗两次，每次 25 mL，调节流速至 3～5 mL/min，镉柱不用时用水封盖，随时都要保持水平面在镉层之上，不得使镉层夹有气泡。镉柱每次使用完毕后，应先以 25 mL 盐酸洗涤，再以水洗两次，每次

25 mL。用水覆盖镉柱。柱先加 25 mL 氯化铵缓冲液，至液面接近海绵镉时，吸取 2 mL 硝酸钠标准工作液，控制流速，用 50 mL 容量瓶接收，加入 5 mL 氯化铵缓冲液，液面接近海绵镉时，加入 15 mL 水洗柱，还原液和洗涤一并流入 50 mL 容量瓶中，加 60%醋酸，10 mL 显色剂，加水稀释至刻度，混匀。暗处放置 25 min，用 1 cm 比色杯，以标准零管调节零点，于波长 550 nm 处测吸光度，根据亚硝酸盐标准溶液计算还原效率(如镉柱还原率小于 95%，应经盐酸浸泡活化处理)：

$$X_2 = \frac{m_3 \times 1.232}{20} \times 100$$

式中，X_2——还原效率，%；

20——硝酸盐的质量，μg；

m_3——20 μg 硝酸盐还原后测得亚硝酸盐的质量，μg；

1.232——亚硝酸盐换算成硝酸盐的系数。

经活化的镉柱，先加 25 mL 氯化铵缓冲液，到液面接近海绵镉时，准确吸取样品滤液 10 mL，加入镉柱还原，以下按镉柱还原率测定法操作。

2.5.4 计算

$$X_3 = \frac{(m_5 - m_6) \times 1.232}{m_4 \times (V_4/V_3)} \times 100$$

式中，X_3——样品中硝酸盐的含量，mg/kg；

m_4——样品的质量，g；

m_5——经镉粉还原后测得亚硝酸钠的总量，μg；

m_6——直接测得亚硝酸盐的含量，μg；

1.232——亚硝酸盐换算成硝酸盐的系数；

V_3——样品处理液总体积，mL；

V_4——测定用样液体积，mL。

结果的表述，报告算术平均值的两位有效数字。允许差：相对相差≤10%。

实验三 腊肠与灌肠的加工

【目的和要求】 了解和掌握传统腊肠、西式灌肠以及火腿的生产工艺，进一步了解这类产品的加工工艺特点。

3.1 腊肠的加工

3.1.1 简介

腊肠俗称香肠，是指以猪肉为主要原料，经切绞成丁，配以辅料，灌入动物肠衣，经晾晒或烘焙而成的肉制品。

3.1.2 配料与配方

广式香肠：原料肉 10 kg，精盐 0.32 kg，白糖 0.7 kg，酱油 0.1 L，白酒 0.2 L，味精 20 g，亚硝酸钠 1 g(用少量水溶解后使用)。

3.1.3 工艺流程

原料肉选择→切肉丁→拌料腌制→灌制→漂洗→晾晒或烘烤→成品。

3.1.4 工艺要点

(1) 肠衣的制备：若选用盐渍肠衣或干肠衣，用温水浸泡，清洗后即可。

(2) 原料肉预处理：选用猪后臀，肥瘦比以 3∶7 为宜。瘦肉绞成 0.5～1.0 cm^3 的肉丁，肥肉用切丁机或手工切成 1 cm^3 的丁后用 35～40℃热水漂洗去浮油，沥干水备用。

(3) 腌制、灌肠：将绞切后的肉、其他辅料及 1 L 水搅拌均匀，腌制 30 min 后即可灌入肠衣，按要求长度打结。

(4) 刺孔漂洗：用排针刺孔排气后，置于温水中将肠体漂洗干净。

(5) 日晒或烘烤：将漂洗干净的肠悬挂于日光下晒 4～5 d 至肠衣干缩并紧贴肉馅时进行烘烤。若遇阴天，可直接进行烘烤。烘烤温度 50℃左右，时间 36～48 h。

(6) 成熟：将日晒和/或烘烤后的肠悬挂于通风透气的成熟间，20 天左右即可产生腊肠独有的风味即为成品。成品率为 65%左右。腊肠感官指标与分级如表 3-1。

表 3-1 腊肠感官指标与分级

项 目	一 级	二 级
色 泽	切面肉馅有光泽，肌肉灰红至玫瑰红色，脂肪白色或稍带红色	部分肉馅有光泽，肌肉深灰或咖啡色，脂肪发黄
外 观	肠衣干燥完整，紧贴肉馅，无黏液霉点，坚实有弹性	肠衣干燥完整，紧贴肉馅，无黏液霉点，坚实有弹性
组织状态	切面坚实	切面齐，有裂隙，周缘部分有软化现象
气 味	具有香肠特有的风味	脂肪有轻度酸味，有时肉馅带酸味

3.2 灌肠的加工

3.2.1 原辅料和配方

原辅料：猪肉、猪肥膘、肠衣、淀粉、食盐、硝酸盐（$NaNO_3$、KNO_3）、白糖、料酒、胡椒粉、桂皮、大茴香、生姜粉、味精、蒜(去皮)。

各种灌肠配方见表 3-2。

表 3-2 几种灌肠的配方

名 称	瘦猪肉 重量/kg	瘦猪肉 规格（筛孔/mm）	猪肥膘 重量/kg	猪肥膘 规格/cm^3	其他配料（kg/50 kg 肉馅）
哈尔滨红肠	38	2～3	12	1	淀粉 3.0，味精 0.045，胡椒粉 0.045，大蒜 0.15，硝酸钠 0.025，精盐 1.75～2
松江肠	38.5	2～3	8.5	0.25～0.4	淀粉 2.0，味精 0.045，大蒜 0.05，胡椒粉 0.07，胡椒粒 0.07，桂皮粉 0.025，硝酸钠 0.05，精盐 1.75～2.0
一号茶肠	38.5	肉泥	8.5	0.8	淀粉 2.0，味精 0.09，胡椒粉 0.04，豆蔻粉 0.025，大蒜 0.35～0.40，硝酸钠 0.05，精盐 1.75～2.0
小干肠	38.5	2～3	8.5	0.4～0.5	淀粉 2.0，味精 0.09，胡椒粉 0.09，桂皮粉 0.05，大蒜 0.075，白糖 0.25，硝酸钠 0.05，精盐 1.5～1.75

3.2.2 主要设备

绞肉机、拌和机、剁肉机、灌肠机、烘房、冷库。

3.2.3 工艺流程

选料→整理→腌制→绞肉→拌馅→充填→烘烤→煮制→熏制→成品。

3.2.4　工艺要点

1. 原材料整理、腌制

(1) 整理：生产灌肠的原料肉，应选择脂肪含量低、结着力好的新鲜猪肉。要求剔去大小骨头、剥去肉皮，修去肥油、筋头、血块、淋巴结等。最后切成拳头大小的小块，将猪膘切成1 cm见方的膘丁，以备腌制。

(2) 腌制：每100 kg原料加入3～5 kg精盐，硝酸钠50 g，磨细拌和均匀后拌和在切好的肉块上，装入容器腌制2～3 d。大规模生产时，须在0～5℃条件下进行。待肉块切面变成鲜红色，且较坚实有弹性，无黑心时腌制结束。肥膘的腌制，一般以带皮的大块肉膘进行腌制，也可腌去皮的脂肪块，将按配料比例混合好的硝酸盐，均匀地揉擦在脂肪上，然后移入0～10℃冷库内，一层层地堆起，经3～5 d脂肪坚硬，切面色泽一致即可使用。

2. 制馅

(1) 绞碎：腌制后的肉块，需要用绞肉机绞碎。一般用2～3 mm孔径粗眼绞肉机绞碎。如果是加工牛肉香肠的话，牛肉纤维组织坚实，硝酸盐不易渗入，所以要多一道工序，即在加入硝酸盐后，先用大眼(1.3 cm)绞肉机绞碎，并搅拌后再冷却。在绞碎时必须注意，由于与机器摩擦而温度升高，尤其在夏天更应注意，必要时须进行冷却。

(2) 切碎：为把原料粉碎至肉浆状，使成品具有鲜嫩细腻特点。原料须经切碎工序(大红肠、小红肠必须经切碎工序)。切碎的程序是先切牛肉后切其他原料。因为牛肉的脂肪较少，比较耐热。牛肉置入切肉机时，须同时加入适量的水(夏季用冰屑水)和预先配好的配料，然后加入猪肉混合切碎至糨糊状，具有黏性时，再翻入搅拌机和膘丁搅拌均匀即成肉馅。切碎时的加水量，一般每100 kg原料为30～40 kg，根据原料干湿程度和肉馅是否具有黏性为准。

(3) 拌馅：通常是将切碎的牛肉和规定量的水在拌馅机中混合，经6～8 min，水被肉充分吸收后，再按配方规定加入香料，然后加入猪肉，混合4～6 min，最后加入膘丁充分混合2～3 min。淀粉必须先以清水调和，除去底部杂质后，在加肥肉丁前加入。肉馅温度不应超过10℃为宜。

3. 灌制

灌制过程包括灌馅、捆扎和吊挂等工作。在装馅前对肠衣进行质量检查。肠衣必须用清水冲洗，不得有漏气。灌制前将肠衣按规格要求剪断，用纱绳扎好一头，另一头套在灌肠机的管子上进行灌馅，待灌满后，用手或扎绳机将肠衣顶端用纱绳结紧。灌好的香肠，须用小针戳孔放气。灌制时必须掌握松紧均匀，香肠过松易于渗入空气而变质，过紧则肉馅膨胀而使肠衣破裂。

4. 烘烤

为使灌肠膜干燥及肠内杀菌，延长保存时间，一般均要进行烘烤。烘房温度保持在 65～80℃，烘烤时间应以肠中心温度达 45℃以上为准，待肠衣表皮干燥、光滑，手摸无黏湿感，表面深红色，肠头附近无油脂流出时，即可出烘房，大约 1 h 左右。

5. 煮制

煮制以及红肠的染色需同时进行。煮制通常用水煮，先使水温达到 90～95℃，放入色素，搅拌均匀，随即放入灌肠。保持水温在 80℃左右。灌肠在锅内的位置须移动 1～2 次，以防染色不匀。约 1 h，待灌肠中心温度达 75℃以上，用手掐肠体感到挺硬、有弹性时，即为煮熟的标志，可以出锅。习惯上每 50 kg 灌肠需用水量约 150 kg。

6. 熏烟

熏烟的作用主要是使灌肠有一种清香的烟熏味，并借助烟中的酚、醛类的化学作用，使灌肠易于防霉防腐。熏烟和烘烤可在同一处进行。熏房内温度须保持在 60～70℃之间。熏烟过程中，要使灌肠之间保持一定间距，如相互紧靠，则靠着的一面烟未熏到，会形成“粘疤”(灰白色)而影响质量。熏烟室温保持在 40～50℃，熏烟 5～7 h，待灌肠表面光滑而透出内部肉馅红色，并且有枣子式的皱纹时，即为熏烟成熟的成品。

3.2.5 质量控制点

(1) 选料：以 pH 5.8～6.2、经兽医检验合格的质量良好肥瘦肉比例适当的原料肉。

(2) 修割：要顺肉丝纹路切块，大的筋腱和淋巴结一定去除干净。

(3) 腌制：亚硝酸钠控制在 0.15 g/kg 以内，腌制温度在 4～10℃。

(4) 绞肉：先清洗绞肉机，组装调整，原料肉和脂肪冷却至 3～5℃，绞肉时操作温度不超过 10℃。

(5) 拌馅：5～10 min，时间不能过长，和好馅 0.5 h 内充填完毕。

(6) 充填：装馅时手不能有水，洗肠衣时肠衣内水应排净，发现气泡针刺排气。

(7) 烘烤：75℃，1.5 h。

(8) 煮制：82℃，20 min，中心温度 78℃。

(9) 熏制：80～82℃，20 min。

3.2.6 产品质量标准

(1) 色：色泽鲜明。

(2) 香：具有特殊的香味。

(3) 味：咸淡适中，味美可口。

(4) 形：长短大致相同，每节长 13 cm 大小均匀，肥瘦肉混合均匀，坚实而有弹性。

3.3　火腿肠的制作

3.3.1　加工原理

以猪肉糜为主要原料，添加其他辅料而成，柔中的蛋白质加热后变性，形成网状结构的凝胶，将淀粉、水等辅料包裹在网状结构中，形成火腿肠特有质地和风味。

3.3.2　实验设备及用具

绞肉机，斩拌机，灌肠设备，夹层锅，刀，菜板，肠衣。

3.3.3　原辅料及配方

瘦肉 80 kg，肥肉 20 kg，淀粉 7 kg，水 30 kg，食盐 3～3.5 kg，白胡椒粉0.25 kg，味精 2.5 kg，大蒜 0.5 kg(蒜味)，糖 0.5 kg(偏甜味)。

3.3.4　工艺流程

原料肉的处理→绞肉→斩拌→加料搅拌→灌肠→煮制→灭菌→成品。

3.3.5　工艺要点

(1) 原料肉的处理：去筋腱、碎骨，切成 5～7 cm 宽的长条。

(2) 绞肉：将瘦肉肥肉分别绞碎。

(3) 加料斩拌：将绞好的瘦肉投入斩拌机，依次加入 25%水、食盐、味精、胡椒液、白糖、淀粉糊，最后将绞好的肥肉加入搅拌冰水：2/3 溶解淀粉，8.3%溶解胡椒，1/4 在斩拌时加入。

(4) 灌肠：均匀灌肠。

(5) 煮制：82℃，20 min，中心温度 78℃。

(6) 灭菌：15 min～40 min～20 min/90℃。

实验四　中式火腿与西式火腿的加工

【目的和要求】 熟悉和掌握中式火腿和西式火腿的基本加工工艺，了解这两类产品在产品特性和加工工艺上的差异性。

4.1　中式火腿加工

4.1.1　工艺流程

鲜猪肉后腿→修整腿坯→上盐→腌制6～7次→洗腿2次→晒腿→整形→发酵→修整→堆码→成品。

4.1.2　工艺要点

1. 原料的选择

选择合格的原料，是保证火腿质量的基础，金华火腿选用浙江地区“两头乌”猪的整只后腿，其后腿瘦肉多、脂肪少、脚爪细、皮肤薄、肉质韧嫩，是加工火腿的优质原料。通常情况下，在选择原料肉时，应考虑以下几方面：

(1) 新鲜细嫩：要选用新鲜的猪后腿肉，不用冷冻肉。猪龄不宜大，肉质细嫩，无伤残病灶。

(2) 皮薄爪细：腿皮要薄，厚度约2 mm，有利于腌制时盐分渗入、有利于提高成品质量，脚爪纤细，外形美观。

(3) 瘦多肥少：肌肉发达，腿心丰满，有利于提高产品质量。脂肪要洁白，膘厚适中，背部膘厚不超过5 cm，以3 cm为宜。脂肪过多，不利于盐分渗透，腌制效果不好，易发生变质。

(4) 重量适中：后腿修割成型后，腿坯重5～7.5 kg，平均6.25 kg左右的鲜腿最为适宜。过重过大不易腌透，肉质也较粗老；过轻过小，则肉质太嫩，水分含量大，腌制时失重多，肉质变得板实而过咸，产品风味较差。

2. 修割腿坯

从腰荐结合处斩下的后腿肉，需在0～10℃条件下，冷却约16 h，使肉热量散失，表面干爽，肉质变得稍硬，修割后不易变形。修割时特别注意避免损伤肌肉，以修去突出的肌肉部分为限。修割时先用刀刮净腿皮上和趾间的残毛、黑皮和污物等，使皮面光滑整洁，然后把后腿放在案子上，肉面向上皮面向下。用削骨刀把耻骨削平，注意不要伤及髋关节，以免脱位变形，斩平上部椎骨，注意要保留1～2节椎骨，以支持上端肉层，防止塌陷，斩去多余部分椎骨和肉层，使上端呈弧形。

割除肉面上的白筋和碎油、碎肉，再用刀在膝关节的皮肤处切一个弧形的切口，弧心向上，注意不要切割太深伤及肌肉，剥离上部皮肤，修整皮下脂肪和筋膜，不要划伤肌肉，这样可使股部内侧肌肉更多地暴露，以利腌制时盐分的渗入，以加快腌制速度，同时割除肉面周边多余的脂肪和皮肤，修割后的腿坯呈"琵琶"形。表面平整，边缘整齐。修割完毕，用手从小腿部向上推压腿杯，挤出血管内残留血液并揩除。

3. 腌制

修整好腿坯后，即进入腌制过程。腌制是加工火腿的主要工艺环节，也是决定火腿质量的重要过程。金华火腿腌制采用干腌堆叠法，用食盐和硝石进行腌制，腌制时需擦盐和倒堆 6～7 次，总用盐量约占腿重的 9%～10%，需 30 d 左右。根据不同气温，适当控制加盐次数、腌制时间、翻码次数，是加工金华火腿的技术关键。腌制火腿的最佳温度在 0～10℃之间。以 5 kg 鲜腿为例，下面说明其具体加工步骤。

(1) 第一次上盐(俗称上小盐)：目的是使肉中的水分、淤血排出。用 100 g 左右的盐撒在脚面上，敷盐要均匀，敷盐后堆叠时必须层层平整，上下对齐。堆码的高度应视气候而定。在正常气温下，以 12～14 层为宜，天气越冷，堆码越高。

(2) 第二次上盐(又称上大盐)：即在小盐的翌日做第二次翻腿上盐。在上盐以前用手压出血管中的淤血。必要时在三签头上放些硝酸钾。把盐从腿头撒至腿心，在腿的下部凹陷处用手指粘盐轻抹，用盐量为 250 g 左右，用盐后将腿整齐堆叠。

(3) 第三次上盐(又称复三盐)：第二次上盐 3 d 后进行第三次上盐，根据鲜腿大小及三签处余盐情况控制用盐量。复三盐用量 95 g 左右，对鲜腿较大、脂肪层较厚、三签处余盐少者适当增加盐量。

(4) 第四次上盐(复四盐)：第三次上盐后，再过 7 d 左右，进行复四盐。目的是经过上下翻堆后调整腿位置、温度，并检验三签处上盐溶化程度，如大部分已溶化需再补盐，并抹去腿皮上的粘盐，以防止腿的皮色发白无亮光。这次用盐 75 g 左右。

(5) 第五次或第六次上盐(复五盐或复六盐)：这两次上盐的间隔时间也都是 7 d 左右。目的主要是检查火腿盐水是否用得适当，盐分是否全部渗透。大型腿(6 kg以上)如三签头上无盐时，应适当补加，小型腿则不必再补。

腌制火腿时应注意以下几个问题：

① 鲜腿腌制应根据先后顺序，依次按顺序堆叠，标明日期、只数。便于翻堆用盐时不发生错乱、遗漏；

② 4 kg 以下的小火腿应当单独腌制堆叠，避免和大、中火腿混杂，以便控制盐

量，保证质量；

③ 腿上擦盐时要有力而均匀，腿皮上切忌擦盐，避免火腿制成后皮上无光彩；

④ 堆叠时应轻拿轻放，堆叠整齐，以防脱盐；

⑤ 如果温度变化较大，要及时翻堆更换食盐。

4. 浸泡洗腿

腿坯腌好后，放入清水中浸泡，使肉中过多的盐分溶出，减轻咸度。同时，使肉质回软，利于整形和除去表面污物。浸泡时间要依据腿坯大小、食盐量多少和水温高低而定。如水温10℃左右，浸泡约需10 h，水温低浸泡时间适当延长。浸泡时须肉面向下，腿坯全部淹没在水面以下。注意要按次序摆放浸泡，切勿乱抛乱扔，以防骨折肉裂，影响产品质量，浸泡时间一般不少于8 h，如在流水中适当缩短时间。浸泡后进行刷洗。用硬质刷子，一般用竹刷，边刷边洗边换水。刷洗要有一定顺序，一般是脚爪、皮面、肉面依次进行，洗去表面污物，有必要时可用刀刮，把腿坯每个部位都刷洗干净，刷洗后再把腿坯浸泡在5～10℃清水中，时间约需4 h，如果在腿坯浸泡过程中，肌肉颜色发暗，表明肉中含盐量较少，浸泡时间要适当缩短；如肌肉色泽发白，说明肉中含盐量较高，浸泡时间要酌情延长。

5. 晾晒与整形

用长约100 cm的绳，两端分别系住两只腿坯的脚爪部，将两只腿坯提起挂在晾腿架上，置于日光下通风处，晾晒4 h左右，待皮面微干时，加盖腿印(包括商标和兽医验讫)。然后继续晾晒4 h左右，当腿面已干爽发硬，而内部尚软时，取下整形。晾晒时，腿坯要相互错开并保持一定间隙，使日光直射到腿坯上，要使肉面受光。

整形是将腿坯制成一定形状，使成品外形美观，大致分三个程序进行。一是在臀股部肉两侧用力向内挤压，使肉面隆起，显得腿肉饱满；二是先用木槌敲打小腿部和膝部，然后将脚爪(包括蹄部)插入校骨凳(即凳面带有回孔的长凳)的凳孔中，使腿坯上端向后稍倾斜。再用力缓慢攀压腿坯上部，使关节伸直，跟骨突起消失，皮面平展；三是将趾关节向后屈曲，使蹄爪向后弯成45°。整形后继续上架晾晒，以后的2 d中，每天整形1次。方法同上，通过晾晒，待肥肉紧缩形状固定即可。若气温约10℃时，天气晴朗，阳光充足，晾晒需4～5 d。同时还要根据腿坯大小、肥瘦、含盐量不同而灵活掌握晾晒时间。晾晒程度直接影响以后的发酵效果和成品质量。若晾晒时间过长，会造成腿肉出水太多，过于干硬，不利于以后的发酵过程；若晾晒时间太短，肉中水分含量过高，也不能良好地发酵，反而有利于病菌生长繁殖，易造成腐败变质。一般情况下，腿坯经过晾晒后失重约26%为宜，晾晒适中的腿坯皮呈黄色或淡黄色，脂肪洁白，肌肉深红，肉质紧密结实，表面油润。晾晒期间，若遇阴雨天气，腿面发黏，应刮除黏附物，或待天晴时用水洗净后晾晒。有必要时可以烘干。

6. 发酵

火腿经腌制、洗晒和整形等工序后，在外形、质地、气味、颜色等方面尚没有达到应有的要求，特别是没有产生火腿特有的风味，与腊肉相似。因此必须经过发酵过程，一方面使水分继续蒸发，另一方面使肌肉中蛋白质、脂肪等发酵分解，使肉色、肉味、香气更好。将腌制好的鲜腿晾挂于宽敞通风、地势高而干燥库房的木架上，彼此相距 5～7 cm，继续进行 2～3 个月发酵鲜化，肉面上逐渐长出绿、白、黑、黄色霉菌（或腿的正常菌群）表明发酵基本完成，火腿逐渐产生香味和鲜味，发酵好坏和火腿质量有密切关系。

火腿发酵后，水分蒸发，腿身逐渐干燥，腿骨外露，需再次修整，即发酵期修整。一般是按腿上挂的先后批次，在清明节前后即可逐批刷去腿上发酵霉菌，进入修整工序。

7. 修整与堆码

修整前先刷去表面霉膜。削平突出的骨，修平不整齐的皮边，修整后腿形呈“竹叶形”，腿形要正，两侧对称。修整后的腿坯，按批次、大小分别堆叠在腿床上，腿床最好是木制的。堆叠时一般以 15 层为宜。天冷时可达 20 层，肉面向上皮面向下，每隔 7～10 d 要翻倒一次，同时将腿皮上流出的油涂抹在肉面上，可使表面油润光亮，防止过度干燥，对火腿保藏起着良好的作用。同时还要检查有无虫害，若有虫蛀，用菜油灌入蛀孔杀虫，注意捉虫。经过堆叠即为成品，若堆叠过夏称为陈腿，风味最好。

4.2 西式火腿加工

西式火腿加工与中式火腿有很大区别。原料肉主要采用猪后腿肉。根据原料肉的部位不同，又分为带骨火腿、去骨火腿、通脊火腿、肩肉火腿、组合火腿等。

4.2.1 实验器具与设备

盐水注射机、滚揉机、刀具、模具、盆、冷库、熏烤蒸煮箱等。

4.2.2 工艺流程

原料肉预处理→盐水注射（切块→湿腌）→腌制、滚揉→切块→添加辅料→绞碎或斩拌→滚揉→装模→蒸煮→冷却包装→检验→成品。

4.2.3 工艺要点

1. 原料修整及处理

选用经兽医卫生检验合格的猪后腿或大排肉作为原料，去除骨、肥膘、筋腱、结缔组织、血管、伤斑后，剔除皮骨、筋腱、肌膜等结缔组织，切成 50 g 左右的肉块，控制肥瘦比为 1∶9。

2. 盐水注射

注射用的腌制液，主要成分是食盐、亚硝酸盐、糖类、柠檬酸、抗坏血酸钠、磷酸盐等。腌制液应根据注射量来调制，调制后采用多针头盐水注射器均匀注入肌肉中，注射量为肉重的 20%～25%，盐水温度为 8～10℃。

注射用腌制液配方：水 100 kg，精盐 15 kg，白糖 12 kg，三聚磷酸钠 3 kg，维生素 C 0.09 kg，亚硝酸钠 0.09 kg。

3. 嫩化

注射后的原料肉如果有条件，最好采用嫩化机进行一次嫩化处理。嫩化会造成一部分盐水损失，可将肉倒入滚揉机后，再加入些盐水。

4. 滚揉

经盐水注射的原料肉要进行滚揉(也叫按摩)。滚揉是在滚揉机内进行。

(1) 滚揉的目的：加速腌制液在肌肉中的扩散，缩短腌制时间；使肉通过机械作用(包括肉块自身的翻滚、挤压、摩擦、相互撞击、摔甩)，使原料肉软化、肌肉组织松弛；促使肌肉中可溶性蛋白外渗而使肌肉表面发黏，增强肉的黏结性；加速肉的成熟，改善肉的风味。

(2) 滚揉方法：有连续式滚揉合间歇式滚揉。连续式即连续滚揉 4 h，无休息时间，滚揉筒转速为每分钟 8～15 转，然后在 5℃以下冷库腌制 12 h。间歇式滚揉即滚揉 10 min，休息 20 min，滚揉的总时间根据滚揉筒每分钟的转数计算，一般要求总转数达到 5 000～6 000 转。不论何种方式滚揉，滚揉温度要求在 8℃以下。

(3) 滚揉好的标准：手压肉块无弹性，中心部位与外表柔软度一致，无硬性感觉；肉表面被凝胶物质均匀包围，但块形和色泽清晰可分；肉块表面黏，将粘在一起的两块肉拿起其中一块，则另外一块短时间不掉下来；切开任何一块肉内外颜色一致，均呈淡红色。

5. 装模或灌装

滚揉好的原料肉称重后定量装入尼龙塑料袋中，装好后，在袋的下部及四周扎孔，然后装入不锈钢的模具中，加上盖子压紧。也可直接用灌装机将原料肉灌入天然肠衣或人造肠衣(如聚偏二氯乙烯肠衣、纤维素肠衣)中，两端打上铝卡。

6. 蒸煮

有汽蒸和水煮两种蒸煮方式。使用高压蒸汽釜蒸煮火腿，温度 121～127℃，时间 30～60 min。常压蒸煮时一般用水浴槽，将水温控制在 75～80℃，使火腿中心温度达到 65℃，并保持 30 min 即可。一般 1 kg 火腿约水煮 1.5～2.0 h，大火腿约煮 5～6 h。

7. 冷却

蒸煮结束的西式火腿，用冷水淋浴冷却之后存放在5℃以下冷库内。生产烟熏火腿时，烟熏温度在60～70℃左右，一般烟熏2 h，熏至火腿表面呈棕红色，再进行蒸煮。蒸煮时，火腿的中心温度要求达到68～70℃，蒸煮之后，将火腿表面晾干，冷却后即为成品。

4.2.4　感官质量指标

1. 外观

肠衣干燥，无破损且紧贴肉馅，无黏液及霉味，坚实而有弹性。

2. 组织状态

切面坚实，无裂隙及软化现象，内部结实无空洞，切片不松散。

3. 滋味

具有火腿固有香味，咸淡适中，无异味。

4. 色泽

肉馅有光泽，肌肉呈粉红色。

实验五　烧烤肉制品加工

【目的和要求】 了解和掌握烧烤肉制品的生产工艺，进一步了解这类产品的工艺特点。

5.1　烤鸡加工

5.1.1　工艺流程

选料→处理→整形→腌制→腹腔涂料→腹腔填料→上色→烤制。

5.1.2　工艺要点

1. 加工白条鸡

(1) 选鸡：选用毛重为1.2～2.0 kg的肉用商品鸡，体形大小适中。

(2) 宰杀：用口腔或颈部刺杀法，放血要尽，防止刺杀伤口污染。

(3) 浸烫脱毛：水温60～65℃，水温要保持恒定，时间约1 min。大羽毛用脱毛机脱去，要防止扯破鸡皮(鸡皮完好无损是电烤鸡质量的关键)，拔去尾毛，人工或食用蜡将绒毛除尽。

(4) 净膛：脱毛后的鸡采用腹下开膛，刀口为4～5 cm，将内膛全部拉出，注意不能把胃肠、胆囊弄破污染膛体，同时将肺、食管、血块、脚皮除去。

(5) 浸泡清洗：净膛后的鸡在水中浸泡，口腔及内膛洗净，除尽血水。

2. 制卤

八角150 g、肉桂150 g、山萘45 g、草果105 g、小茴135 g、砂仁60 g、花椒60 g、丁香15 g、香叶9 g、白芷75 g、陈皮45 g、桂皮120 g、豆蔻90 g、紫蔻90 g、香菇45 g、生姜45 g、良姜90 g，调料用纱布包扎好，用清水75 kg倒入锅内加盐15 kg煮沸后加味精100 g，然后倒入浸泡缸中冷却使用。

3. 浸卤腌制

先将洗泡后的鸡体腔内灌满卤，然后叠放于浸泡缸内，上面覆压重物。夏天一般腌1～1.5 h，春、秋季腌2 h，冬季腌3 h。

4. 填料

腌制好的鸡膛内装葱1根、姜2片、香菇1块、调料少许(上述调料磨成粉，加入其重量1/2的味精而成)。

5. 上色

饴糖60%、水40%组成糖液，涂抹在鸡皮表面，然后拿出晾干。

6. 烤制

烤炉温度升至 150～180℃放入鸡，烤制 20～30 min，使鸡烤熟，然后升温至 240℃，烤 3～5 min，使表皮上色即可出炉。成品香菇烤鸡表面油亮金黄，香气诱人，皮脆肉嫩。

5.2　广东烤鸭的加工

5.2.1　工艺流程

原料鸭选择→宰杀→烫毛→拔毛→吹气→开膛→掏内脏→水洗→去脚翅→填料→缝合→烫皮→挂糖→晾皮→烤制。

5.2.2　配方配料

按每 kg 光鸭计算：精盐 12 g；白糖 6 g；生抽 15 g；五香粉 2 g；芝麻酱 8 g；蒜蓉 3 g；葱白 5 g；50 度白酒 3 mL。

5.2.3　工艺要点

1. 原料鸭的选择

选择重量在 2.5～3.0 kg 的育肥白鸭。

2. 宰杀

切断喉管进行宰杀，注意切口不能过大过深。

3. 烫毛

75～78℃，进行热水烫毛 2～3 min，褪去脚皮和喙上角质。

4. 拔毛

先褪去腿部、头上和颈部的毛，再拔去翅膀、胸部和背部的毛，然后仔细拔去小毛。

5. 吹气

用直径约 5 mm 的不锈钢管由宰杀口小心从皮下插入胸部和背部，然后进行吹气，使皮肉分离有利于烤制时皮脆肉嫩。

6. 开膛、掏内脏

在腹部耻骨上方沿腹线开一条约 3 cm 的刀口，然后掏出内脏，并用清水冲洗内腔血污，适当滤干水分。注意掏内脏时切忌将刀口弄得太大，肛门周围的脂肪不要摘除，以免填料后料液漏出。

7. 去脚翅

在关节以下剁去脚和翅膀，留一节翅膀。

8. 填料

将所有配料均匀混合后，倒入鸭体内腔，并用手均匀涂抹。

9. 缝合

用长约 15 cm 的不锈钢针将腹部填料口进行绞针缝合。将鸭胚挂在特定的挂钩上，然后吊挂杠上。

10. 烫皮

以 95℃的开水由下至上进行烫淋，使表皮胶原蛋白变性，导致表皮收缩而绷紧，鸭胚变得很饱满圆滑。

11. 挂糖

将晾干表皮水分的鸭胚用麦芽糖水溶液（麦芽糖∶水＝1∶8），用软毛刷由下至上，均匀涂上麦芽糖溶液。

12. 晾皮

在通风、干燥、无蚊蝇的房间内，将鸭胚表皮晾干，这是烤鸭加工的关键步骤。

13. 烤制

采用原红外线烤炉，先将炉温调至 100℃，再将晾干的鸭胚挂入烤炉内，将温度升至 190℃，烤制 20 min，表皮金黄，再将鸭身翻面再烤制 15 min 左右，整个鸭身表皮金黄即可出炉。

5.3 烧鸡加工

5.3.1 工艺流程

原料处理→整形→上色→油炸→煮卤。

5.3.2 工艺要点

1. 选鸡与宰杀

选用 1～1.25 kg 重的肉鸡，采用颈部宰杀、放血，去毛后腹下开膛，掏出内脏，斩去两爪，洗净血污。

2. 造型

把洗净的鸡置于工作台上，腹部朝上，左手按住鸡体，右手持刀切开肋骨，根据鸡的大小，用一束高粱秆放入腹腔内把鸡撑开，再将两腿插入刀口内，两翅交叉插入鸡的口腔，形成两头尖的半圆形造型，再用清水漂洗干净，挂起晾去水分。

3. 清油炸鸡

将晾好的鸡坯抹上饴糖或蜂蜜水，饴糖（或蜂蜜）占 30％，水占 70％，然后将花生油加热到 150～160℃，将鸡坯翻炸约 0.5 min，成柿黄色即可捞出。

4. 配料

以100只鸡(重量100～125 kg)计算，需要砂仁16 g，豆蔻15 g，丁香3 g，草果30 g，肉桂90 g，良姜90 g，陈皮30 g，白芷90 g。一般用盐2～3 kg。

5. 卤煮

把油炸的鸡，按顺序放在锅内，兑入老汤。加入各种辅料盐水，用篦子压着鸡，汤要淹过鸡体。先用旺火将汤煮沸后，每百只鸡再加18 g亚硝酸钠放在鸡汤沸处溶化，从而保证烧鸡色泽鲜艳。然后用小火徐徐焖煮，直到煮熟为止。以防过火或欠火，降低质量。整个焖煮过程中，掌握火候极为重要，这与烧鸡产生鲜味和香味，保持独特风味有很大关系。

6. 出锅

事前准备好工具，将鸡从锅中捞出放在篦子上，保持鸡身完整。要求确保造型，不破不碎。

7. 成品规格

要求鸡身色泽浅红，稍有黄底，鸡皮不破不裂，造型完整，咸甜适口，鸡肉不碎烂，而且一咬齐茬。

5.3.3 影响烧鸡上色的因素

1. 油炸的温度和时间影响上色

因为上色的主要原理是发生焦糖化反应，如果油温控制不好，忽高忽低，就会使其上色不均匀。油炸时间太短，鸡颜色太浅，时间过长，颜色过深。根据实验来看，最好使油温一直控制在160～170℃之间。油炸时间在10～15 min之内。

2. 工艺操作也可影响上色

在刷糖时，如果糖液刷得不均匀，或者糖液刷得太少，油炸时上色不均匀。

5.4 德州扒鸡加工

5.4.1 原辅料及配料

以200只鸡，重200 kg计：大料100 g，桂皮125 g，肉蔻50 g，桂条125 g，小茴100 g，砂仁10 g，花椒100 g，生姜250 g，草蔻50 g，白芷125 g，山萘75 g，丁香25 g，酱油4 000 g，草果50 g，陈皮50 g，盐3500 g。

5.4.2 工艺及操作要点

1. 宰杀整型

选用肉鸡，重1.0～1.2 kg为宜。从颈部放血宰杀，除净内脏，清水洗净后，将两腿交叉盘至肛门内，将双翅向前颈部刀口处伸进，在喙内交叉盘出，形成卧体含双翅状态。

2. 上色油炸

造型后，用毛刷涂抹糖浆，再放到油温 180℃的油锅中炸制 1～2 min，以鸡全身为金黄透红为宜。

3. 煮制

将配料装入纱布袋放入锅内，炸好的鸡按顺序在锅内排好，然后放汤(老汤和新汤对半)。先用旺火煮沸 1～2 h 后(一般新鸡 1 h 左右，老鸡 2 h 左右)，改用微火焖煮。新鸡 6～8 h，老鸡 8～10 h。出锅后即为成品。

5.5 熏鸡的加工

5.5.1 原辅料及配料

白条鸡 400 只(约 300 kg)，砂仁 50 g，豆蔻 50 g，丁香 150 g，山捺 150 g，白芷 50 g，陈皮 150 g，桂皮 150 g，姜 250 g，花椒 150 g，大茴香 150 g，胡椒粉 25 g，食盐 10 kg，味精少量。

5.5.2 工艺流程

选料→宰杀→烫毛→褪毛→整形→煮制→熏制。

5.5.3 工艺要点

1. 精选原料鸡

必须选本地家庭散养的当年小公鸡，体格健壮无病、无畸形，重量 2 kg 左右，要经过检疫方可为原料鸡。

2. 宰杀与褪毛

选用健康活鸡，颈部放血，60℃热水烫毛，去绒毛，腹下开膛，取出内脏，清水浸泡 1～2 h 后取出沥干水分。

3. 整型

将鸡的腿骨敲断，用剪刀将膛内胸骨两侧的软骨剪断，后把鸡腿盘入腹腔，头部拉到左翅下，使鸡体煮后胸肉丰满突起。

4. 煮制

煮制的工序：① 烧开老汤打出浮沫，将调料用纱布袋装起放入锅中。② 小心地将造型鸡放入锅中，有次序地摆好。③ 用一铁制网或盖压住，如盖轻可在上面压沉水盆增重，不盖锅盖。④ 旺火烧开后，及时打沫。60 min 左右翻锅，让所有鸡受热均匀。⑤ 用小火煮烂，120 min 左右停火出锅。熟烂的标准是，腿关节破开，鸡翅微颤，油亮见光，形体完好。

5. 熏制

出锅趁热在鸡体上刷一层芝麻油和白糖，随即送熏室或锅中进行烟熏。熏烟的调制用糖与锯末混合（糖与锯末的比例为 3 ∶ 1）放入熏室内，干烧锅底使其发烟。经 15 min 左右，见鸡皮呈红黄色即为合格。熏好的鸡还要抹上一层芝麻油，使香味透进肉内，同时也有利于保藏。

5.6　广东叉烧肉加工

5.6.1　原辅料及配方

猪肉 100 kg，精盐 2 kg，酱油 5 kg，白糖 6.5 kg，五香粉 250 g，桂皮粉 500 g，砂仁粉 200 g，绍兴酒 2 kg，姜 1 kg，饴糖或液体葡萄糖 5 kg，硝酸钠 50 g。

5.6.2　工艺流程

选料及整理→配料→腌制→烤制→浸糖→包装→保藏。

5.6.3　工艺要点

1. 选料及整理

叉烧肉一般选用猪腿部肉或肋部肉，猪腿除皮、拆骨、去脂肪后，用 M 形刀法将肉切成宽 3 cm、厚 1.5 cm、长 35～40 cm 的长条，用温水清洗，沥干备用。

2. 腌制

除了糖稀和绍兴酒外，把其他所有的调味料倒入容器中，搅拌均匀，然后把肉坯倒入容器中拌匀。每隔 2 小时搅拌 1 次，使肉条充分吸收配料。低温腌制 6 h 后，再加入绍兴酒，充分搅拌，均匀混合后，将肉条穿在铁排环上，每排穿 10 条左右，适度晾干。

3. 烤制

先将烤炉烤热，把穿好的肉条挂入炉内，进行烤制。烤制时炉温保持在 270℃左右，烘烤 15 min 后打开炉盖，转动排环调换肉面方向，继续烤制 30 min。之后的前 15 min 炉温保持在 270℃左右，后 15 min 的炉温在 220℃左右。

4. 浸糖

烘烤完毕，从炉中取出肉条，稍冷后，在饴糖或麦芽糖溶液内浸没片刻，取出再放进炉内烤制约 3 min 即为成品。

实验六　板鸭和盐水(鸡)鸭的加工

【目的和要求】 熟悉板鸭和盐水(鸡)鸭的加工工艺,掌握这类产品的工艺特点。

6.1　南京板鸭加工

6.1.1　简介

南京板鸭又称"贡鸭",分为腊板鸭和春板鸭两类。腊板鸭是从小雪到立春,即农历十月到十二月底加工的板鸭,这种板鸭品质最好,肉质细嫩,可以保存三个月时间;而春板鸭是从立春到清明,即由农历一月至二月底加工的板鸭,这种板鸭保存时间较短,一般一个月左右。

南京板鸭的特点是外观体肥、皮白、肉红骨绿(板鸭的骨并不是绿色的,只是一种形容的习惯语)。食用时具有香、酥、板(板的意义是指鸭肉细嫩紧密,南京俗称发板)、嫩的特色,余味回甜。

6.1.2　工艺流程

原料选择→宰杀→浸烫褪毛→开膛取出内脏→清洗→割外四件→劈八字→抹盐、腌制→漂洗→造型、系绳→干制→成品分级→包装。

6.1.3　工艺要点

1. 选鸭

选择健康、无损伤的肉用性活鸭,以两翅下有"核桃肉",活重在 1.5 kg 以上为佳。活鸭在宰杀前要用稻谷(或糠)饲养一个时期(15～20 d)催肥,使膘肥、肉嫩、皮肤洁白,这种鸭脂肪熔点高,在温度高的情况下也不容易滴油,变哈喇。若以糠麸、玉米为饲料则体皮肤淡黄,肉质虽嫩但较松软,制成板鸭后易收缩和滴油变味,影响气味。所以,以稻谷(或糠)催肥的鸭品质最好。

2. 宰杀

宰前断食:将育肥好的活鸭赶入待宰场,进行检验将病鸭挑出。待宰场要保持安静状态,宰前 12～24 h 停止喂食,充分饮水。

宰杀放血:从颈部割断动脉血管,刀口不宜太大,保持商品完整美观,减少污染。由于板鸭为全净膛,为了易拉出内脏,目前多采用颈部宰杀,宰杀时要注意以切断三管为度,刀口过深易掉头和出次品。

3. 浸烫褪毛

烫毛：鸭宰杀后 5 min 内褪毛，烫毛水温以 63～65℃为宜，一般 2～3 min。

褪毛：先拔翅羽毛，次拔背羽毛，再拔腹胸毛、尾毛、颈毛，此称为抓大毛。拔完后随即拉出鸭舌，再投入冷水中浸洗，并拔净小毛、绒毛，称为净小毛。

4. 开膛取内脏

鸭毛褪光后立即去翅、去脚、去内脏。在翅和腿的中间关节处切除两翅和两腿。然后再在右翅下开一长约 4 cm 的直形口子，取出全郡内脏并进行检验，合格者方能加工板鸭。

5. 清洗

用清水渭洗体腔内残留的破碎内脏和血液，从肛门内把鸭肠断头、输精管或输卵管拉出剔除。清膛后将鸭体浸入冷水中 2 h 左右，浸出体内淤血，使皮色洁白。

6. 割外四件

割下双翅、两脚掌。顺肘半节割下两翅，在跗关节处割下两脚掌。

7. 腌制

(1) 腌制前的准备工作：食盐必须炒熟、磨细，炒盐时每百公斤食盐加 200～300 g 茴香。

(2) 干腌：滤干水分，将鸭体人字骨压扁，使鸭体呈扁长方形。擦盐要遍及体内外。一般用盐量为鸭重的 1/15。擦腌后叠放在缸中进行腌制。

(3) 制备盐卤：盐卤由食盐水和调料配制而成。因使用次数多少和时间长短的不同而有新卤和老卤之分。

(4) 新卤的配制：采用浸泡鸭体的血水，加盐配制，每 100 kg 血水，加食盐 75 kg，放大锅内煮成饱和溶液，撇去血污与泥污，用纱布滤去杂质，再加辅料，每 200 kg 卤水放入大片生姜 100～150 g，八角 50 g，葱 150 g，使卤具有香味，冷却后成新卤。

(5) 老卤：新卤经过腌鸭后多次使用和长期贮藏即成老卤，盐卤越陈旧腌制出的板鸭风味更佳，这是因为腌鸭后一部分营养物质渗进卤水，每烧煮一次，卤水中营养成分浓厚一些，越是老卤，其中营养成分越浓厚，而鸭在卤中互相渗透、吸收，使鸭味道更佳。盐卤腌制 4～5 次后需要重新煮沸，煮沸时可适当补充食盐，使卤水保特咸度，通常为 22～25°Be′。

8. 抠卤

擦腌后的鸭体逐只叠入缸中，12 h 后把体腔内盐水从肛门处抠出，这一工序称抠卤。抠卤后再叠入大缸内，经过 8 h 腌制，进行第二次抠卤，目的是腌透并浸出血水，使皮肤肌肉洁白美观。

9. 复卤

抠卤后进行湿腌，从开口处灌入老卤，再浸没老卤缸内，使鸭尸全部腌入老卤中即为复卤，经 24 h 出缸，从泄殖腔处排出卤水，挂起滴净卤水。

10. 叠坯

鸭尸出缸后，倒尽卤水，放在案板上用手掌压成扁形，再叠入缸内 2～4 天，这一工序称“叠坯”，存放时，必须头向缸中心，再把四肢排开盘入缸中，以免刀口渗出血水污染鸭体。

11. 排坯晾挂

排坯的目的是使鸭肥大好看，同时也便于鸭子内部通气。将鸭取出，用清水净体，挂在木档钉上，用手将颈拉开，胸部拍平，挑起腹肌，以达到外形美观，置于干燥通风处风干，至鸭子皮干水净后，再收后复排，在胸部加盖印章，转到仓库晾挂通风保存，2 周后即成板鸭。

6.1.4 产品特点

成品板鸭体表光洁，黄白色或乳白色，肌肉切面平而紧密，呈玫瑰色，周身干燥，皮面光滑无皱纹，胸部凸起，颈椎露出，颈部发硬，具有板鸭固有的气味。

6.2 南安板鸭的加工

6.2.1 简介

南安板鸭产于江西省大余县，是江西省的名特产品，它造型美观，皮肤洁白，肉嫩骨脆，腊味香浓。但加工方法不同于南京板鸭，各有特色。

南安板鸭加工季节是从每年秋分至大寒，其中立冬至大寒是制作板鸭的最好时期。

6.2.2 工艺流程

鸭的选择→宰杀→脱毛→割外五件→开膛→去内脏→修整→烤制/造型晾晒→成品。

6.2.3 工艺要点

1. 鸭的选择

制作南安板鸭选用麻鸭，该品种肉质细嫩、皮薄、毛孔小，是制作南安板鸭的最好原料。或者选用一般麻鸭。原料鸭饲养期为 90～100 d，体重约 1.25～1.75 kg，然后以稻谷进行育肥 28～30 d，以鸭子头部全部换新毛为标准。

2. 宰杀、脱毛、割外五件

外五件指两翅、两脚和一带舌的下颌。割外五件时，将鸭体仰卧，左手抓住下额骨。右手持刀从口腔内割破两嘴角，右手用刀压住上额，左手将舌及下额骨撕掉;用左手抓住左翅前臂骨,右手持刀对准肘关节,割断内外韧带,前臂骨即可割下;再用左手抓住脚掌,用同样方法割去右翅和右脚。

3. 开膛

鸭体仰卧在操作台上,尾朝操作者,稍向外仰斜,双手将腹中线(俗称外线)压向左侧约 0.8~1 cm,左手食指和大拇指分别压在胸骨柄和剑状软骨处,右手持刀刃稍向内倾斜,由胸骨柄处下刀,沿外线向前推刀,破开皮肤及胸大肌(浅层肌肉),再将刀刃稍向外倾斜向前推刀斩断锁骨,剖开腹腔。左边胸骨、胸肉较多的称大边,右边胸骨、胸肉较少的称小边。然后将两侧关节劈开,便于造型。

4. 去内脏

在肺与气管连接处将气管拉断并抽出,再将心脏、肝脏取出,然后将直肠畜粪前推,距肛门 3 cm 处拉断直肠,手持断端将肠管等内脏一起拉出,最后用手指剥离肺与胸壁连接的薄膜,将肺摘除,扒内脏时底板不能留有血迹、粪便,不能污染鸭体。

5. 修整

先割去生殖器官及残留内脏,将鸭背朝下,尾朝前,放在操作台上,右手持刀放在右侧肋骨上,刀刃前部紧贴胸椎,刀刃后部偏开胸椎 1 cm 左右,左手拍刀背,将肋骨斩断,同时,将与背相连的肌肉割断,并推向两边肋骨下,使背上部粘有瘦肉。用同样的方法斩断另一侧肋骨。两侧肋骨斩断,刀口呈八字形,俗称劈八字。劈八字时母鸭留最后两根肋骨,公鸭全部斩断,最后割去直肠断端、生殖器及肛门,割肛门时只割去三分之一,使肛门在造型时呈半圆形。

6. 腌制

(1) 盐的标准:将盐放入铁锅内用大火炒,炒至无水气,凉后使用。早水鸭(立冬前的板鸭)每只用盐 150~200 g,晚水鸭(立冬后的板鸭)每只用盐 125 g 左右。

(2) 擦盐:将待腌鸭子放在擦盐板上,将鸭颈椎拉出 3~4 cm,撒上盐再放回揉搓 5~10 次,再向头部刀口撒些盐,将头颈弯向胸腹腔,平放在盐上,将鸭背朝上,两手抓盐在背部来回擦,擦至手有点发粘为止。

(3) 装缸腌制,擦好盐后,将头颈弯向胸腹,背朝下,放在缸内,一只压住另一只的三分之二,呈螺旋式上升,使鸭体有一定的倾斜度,盐水集中尾部,便于尾部等肌肉厚的部位腌透。腌制时间 8~12 h。

7. 造型晾晒

(1) 洗鸭:将腌制好的鸭子从缸中取出,先在 40℃左右的温水中冲洗一下,以除去未溶解的结晶盐,然后将鸭放在 40~50℃的温水中浸泡冲洗 3 次,浸泡时要不断翻动鸭子,同时将残留内脏去掉,洗净污物,挤出尾脂腺,当僵硬的鸭体变软时即可造型。

(2) 造型:将鸭子放在长 2 m、宽 0.63 m 吸水性强的木板上,先从倒数第四和第五根颈椎处拧脱臼，然后将鸭背朝上尾部向前放在木板上，将鸭子左右两腿的股关节拧脱臼，并将股四头肌前推，便鸭体显得肌肉丰满，外形美观，最后将鸭子在板上铺开，四周皮肤拉平，头向右弯，使整个鸭子呈桃圆形。

(3) 晾晒：造型晾晒 4～6 h 后，板鸭形状已固定，在板鸭的大边上用细绳穿上，然后用竹竿挂起，放在晒架上日晒夜露，一般经过 5～7 d 的露晒，小边肌肉呈玫瑰红色，明显可见 5～7 个较硬的颈椎骨，说明板鸭已干，可贮藏包装。若遇天气不好，应及时送入烘房烘干。板鸭烘烤时应先将烘房温度调整至 30℃，再将板鸭挂进烘房，烘房温度维持在 50℃左右，烘 2 h 左右将板鸭从烘房中取出冷却，待皮肤出现奶白色时，再放入烘房内烘干直至符合要求取出。

8. 成品包装

传统包装采用木桶和纸箱的大包装，目前则结合各种保存技术进行单个真空包装。

6.2.4 产品规格

外观：造型平整，似桃圆形，皮肤乳白，毛脚干净，底板色泽鲜艳，无霉变、无生虫、无盐霜，鸭身干爽，干度 7～8 成，颈椎显露 5～7 个骨节，肌肉呈棕红色，肋骨呈白色，大腿的肉丰满坚实。

食味：气味纯正，腊味香浓，咸淡适中，肉嫩骨脆，有板鸭固有的风味。

6.3 盐水(鸡)鸭加工

6.3.1 工艺流程

鸭或鸡的选择→宰杀→脱毛→割外五件→去内脏→修整→调制料汤→煮制→出锅→成品。

6.3.2 工艺要点

1. 选料

鸡：蛋用下架鸡，体重在 1.25～1.5 kg，健康无病。鸭：卫检合格，体重在 1.5～2 kg。

2. 宰杀、脱毛、割外五件、去内脏等工艺同南京板鸭

3. 制料汤

(1) 料汤调盐度至 15°Be′。

(2) 煮沸后除浮油及表面污物。

(3) 加入适量花椒、大料、姜片、红辣椒及料汁(即用辅料熬制而成)再加入原料重 1%盐、0.5%味精。

4. 煮制

将鸡或鸭入锅后压上竹篦子,上面再压重物,防止鸭(鸡)体上浮。先大火煮沸再调小火煮 60 min,鸭(鸡)捞出,再加入鸭(鸡)重 1%盐、0.10%味精,压上竹篦子后小火煮 40 min,鸭(鸡)捞出。

6.3.3　质量控制点

1. 选料

鸭最好选择肉质细嫩的肉用型填鸭,体重 1.5～2 kg,不可过大过小;鸡选蛋用下架鸡,体重在 1.25～1.5 kg。

2. 制料汤

老汤盐度为 15°Be′。

3. 煮制

掌握好火候及煮制时间,先大火煮沸,再调小火煮 60 min,小火沸而不腾。

实验七　肉干、肉松和肉脯的加工

【目的和要求】 了解和掌握肉干、肉松和肉脯的加工工艺，深入理解这类产品的加工原理和工艺特点。

7.1　肉干加工

7.1.1　简介

肉干是用猪、牛等瘦肉经煮熟后，加入配料复煮，烘烤而成的一种肉制品。因其形状多为 1 cm^3 大小的块状，故叫做肉干。按原料分为猪肉干、牛肉干等；按形状分为片状、条状、粒状等；按配料分为五香肉干、辣味肉干和咖喱肉干等。

7.1.2　工艺及要点

1. 原料肉的选择与处理

多采用新鲜的猪肉和牛肉，以前后腿的瘦肉为最佳。先将原料肉的脂肪和筋腱剔去，然后洗净沥干，切成 0.5 kg 左右的肉块。

2. 水煮

将肉块放入锅中，用清水煮开后撇去肉汤上的浮沫，浸烫 20～30 min，使肉发硬，然后捞出切成 1.5 cm^3 的肉丁或切成 0.5 cm×2.0 cm×4.0 cm 的肉片（按需要而定）。

3. 配料

现按每 100 kg 瘦肉计算，介绍三种配方。见表 7－1。

表 7－1　肉干配方/kg

种类	食盐	酱油	五香粉	白糖	黄酒	生姜	葱
1	2.5	5.0	0.25				
2	3.0	6.0	0.15				
3	2.0	6.0	0.25	8.0	1.0	0.25	0.25

4. 复煮

取一部分原汤，加入配料，用大火煮开。待汤有香味时，改用小火，并将肉丁或肉片放入锅内，用锅铲不断轻轻翻动，直到汤汁将干时，将肉取出。

5. 烘烤

将肉丁或肉片铺在铁丝网上用 50～55℃进行烘烤，要经常翻动，以防烤焦，需

8～10 h，烤到肉发硬变干，具有芳香味美时即成肉干。牛肉干的成品率为 50%左右；猪肉干的成品率约为 45%。

6. 包装和贮藏

肉干先用纸袋包装，再烘烤 1 h，可以防止发霉变质，能延长保存期。如果装入玻璃瓶或马口铁罐中，可保藏 3～5 个月。肉干受潮发软，可再次烘烤，但滋味较差。

7.1.3　成都麻辣猪肉干

1. 配方(单位：kg)

瘦猪肉 50，味精 0.05，精盐 0.75，辣椒味 1～1.25，酱油 2，花椒粉 0.15，白糖 0.75～1，五香粉 0.05，芝麻油 0.5，芝麻面 0.15，白酒 0.25，菜油适量。

2. 加工工艺

加工的前几道工序基本相同，只是初煮后有所差异，将煮好的肉块切成长 5 cm，宽 1 cm 长条的小块，用盐、白酒、1.5 kg 酱油混合为腌制液，腌制30 min，然后油炸，捞出后用白糖、味精和 0.5 kg 酱油混合均匀，再把炸好的肉块倒入混合调料中充分拌和冷却。辣椒面、芝麻油放入炸好的肉块中，拌均匀即为成品。

7.1.4　上海咖喱猪肉干

1. 配方(单位：kg)

猪瘦肉 50，味精 0.25，高粱酒 1，咖喱粉 0.25，精盐 1.5，酱油 1.5，白糖 6。

咖喱粉配方(按 50 kg 原料肉计，单位：kg)：姜黄粉 30，碎桂皮 6，白辣椒 6.5，姜片 1，芫荽 4，大料 2，小茴香 3.5，花椒、胡椒适量(混合后磨成粉末即可)。

2. 加工工艺

经初煮后的肉块再切成长 1.5 cm、宽 1.3 cm 的肉块，然后把小肉块、配料煮制，待肉煮至接近熟时，转至炒锅内将肉汤炒干收汁后出锅，再放入筛网上送入温度 60～70℃烤炉内烘烤 6～7 h，出炉后即为成品。

7.2　肉松加工

7.2.1　简介

肉松是将肉煮烂，再经过炒制、揉搓而成的一种营养丰富、易消化、使用方便、易于贮藏的脱水制品。除猪肉外还可用牛肉、兔肉、鱼肉生产各种肉松。我国著名的传统产品是太仓肉松和福建肉松。

7.2.2 太仓肉松

1. 原料肉的选择和处理

选用瘦肉多的后腿肌肉为原料，先剔除骨、皮、脂肪、筋腱，将肉切成 3～4 cm 方块。

2. 配方(单位：kg)

猪瘦肉 100，高度白酒 1.0，精盐 1.67，八角茴香 0.38，酱油 7.0，生姜 0.28，白糖 11.11，味精 0.17。

3. 加工工艺

将切好的瘦肉块和生姜、香料(用纱布包起)放入锅中，加入与肉等量的水，按以下三个阶段进行：

(1) 肉烂期(大火期)：用大火煮，直到煮烂为止，大约需要 4 h，煮肉期间要不断加水，以防煮干，并撇去上浮的油沫。检查肉是否煮烂，其方法是用筷子夹住肉块，稍加压力，如果肉纤维自行分离，可认为肉已煮烂。这时可将其他调味料全部加入，揭去锅盖继续煮肉，直到汤煮干，肉收尽汤汁为止。

(2) 炒压期(中火期)：取出生姜和香料，采用中等压力，用锅铲一边压散肉块，一边翻炒。注意炒压要适时，因为过早炒压功效很低，而炒压过迟，肉太烂，容易粘锅炒煳，造成损失。

(3) 成熟期(小火期)：用小火勤炒勤翻，搓松操作轻而均匀。当肉块全部炒松散和炒干时，颜色即由灰棕色变为金黄色，成为具有特殊香味的肉松。

在收汁后也可用拉丝机拉至丝状肉条后，再置于炒松机炒松至肌纤维松散，色泽金黄，含水量少于 20%即可结束，再经擦松，跳松后即可包装。

4. 肉松(太仓式)卫生标准

(1) 感官指标：呈金黄色或淡黄色，带有光泽，絮状，纤维疏松，无异味臭味。

(2) 理化指标：水分≤20%。

(3) 细菌指标：细菌总数≤3 000 个/g，大肠杆菌≤40 个/100 g，致病菌(系指肠道致病菌及致病性球菌)不得检出。

5. 包装和贮藏

肉松的吸水性很强，长期贮藏最好装入玻璃瓶或马口铁盒中，短期贮藏可装入单层塑料袋内，刚加工成的肉松趁热装入预先消毒和干燥的复合阻气包装袋中，贮藏于干燥处，半年不会变质。

7.2.3 福建肉松

与太仓肉松的加工方法基本相同，只是在配料上有区别，在加工方法上增加油炒工序，制成颗粒壮，因成品含油量高而不耐贮藏。

1. 配方(单位：kg)

瘦猪肉 50，酱油 5，白砂糖 4，色拉油 5。

2. 炒松

经切割、煮熟的肉块放在另一锅内进行炒制，加少量汤用小火慢炒，待肉收尽汤汁后再分小锅炒制，使水分慢慢地蒸发，在收汁后也可用拉丝机拉至丝状肉条后，再置于炒松机炒松至肌纤维松散，色泽金黄，含水量少于 20%即可油酥。

3. 油酥

色拉油加热至 170～180℃，淋入炒好的肉松坯中，再烘培、翻炒至暗红色，使肉松坯与色拉油均匀结成球形圆粒，即为成品。

4. 成品质量指标

呈均匀的团粒，无纤维状，金黄色，香甜有油，无异味。

7.2.4　鸡肉松

1. 原料修整

选用瘦肉型的光鸡，洗尽后斩头去爪待用。

2. 配料

带骨鸡 100 kg，酱油 17 kg，生姜 0.5 kg，白糖 6 kg，精盐 3 kg，味精 0.3 kg，50 度高粱酒 1 kg。

3. 煮制

将鸡及生姜煮制 3 h 左右，捞出拆骨、去皮、去油脂、筋腱后，将肉块压碎。

4. 复煮

将压碎的鸡肉放入原汤中，加入其他辅料煮沸后，用小火焖煮 2～3 h，撇尽浮油，收汁。

5. 炒松

炒松至肌纤维蓬松，含水量 20%以下，经擦松后即可包装。

7.2.5　成品特点及包装

肉松产品呈金黄色或淡黄色，带有光泽，絮状，纤维洁纯疏松，无异味异臭。

肉松的吸水性很强，炒松结束后需趁热包装。长期贮藏最好装入玻璃瓶或马口铁盒中，短期贮藏可装入食品塑料袋内，贮藏在干燥处，一般半年不会变质。袋装肉松的包装重量有 20 g，50 g，100 g 等，马口铁听装有 250 g，500 g，1 000 g 等。

7.3　肉脯加工

7.3.1　猪肉脯

1. 原料肉修整

选用新鲜猪后腿，去皮拆骨，修尽肥膘、筋膜。将纯精瘦肉装模，置于冷库使肉块中心温度降至－2℃，上机切成 2 mm 厚肉片。

2. 配料

按 100 kg 瘦肉计算(单位：kg)，特级酱油 9.5，白糖 13.5，白胡椒粉 0.1，鸡蛋 3.0，味精 0.5，精盐 2.0。

3. 拌料

将配料混匀后与肉片拌匀，腌制 50 min。不锈钢丝网上涂植物油后平铺上腌好的肉片。

4. 烘烤

肉片铺好后送入烘箱内，保持烘箱温度 80～55℃，烘约 5～6 h 便成干坯。冷却后移入空心烘炉内，150℃烘烧至肉坯表面出油，呈棕红色为止。烘好的肉片用压平机压平，切成 120 mm×80 mm 长方形即为成品。

5. 成品规格

色泽棕红有光泽，切片薄厚均匀，滋味鲜美无异味，无焦片，无杂质，含蛋白质 46.5%，水分 13%，脂肪 9%，灰分 6.5%。

7.3.2　牛肉脯

1. 工艺流程

原料肉修整→批片→漂洗→一次入味→摊筛→烘烤→二次入味→冷却→轧片(拉松)→包装。

2. 工艺操作

(1) 批片：将精牛肉顺肌纤维切成 3.0～3.5 mm 厚片，长宽以包装袋大小为准。

(2) 漂洗：批片后入水漂洗 2 h，除去血水及污物后，再送入沸水浸泡。浸泡时间以肉片变色即可，捞出再入清水降温。

(3) 入味：肉片冷却后沥干，加入配料，搅拌均匀，腌制 3 h。

配料：精肉 100 kg，食盐 1.5 kg，白糖 3.0 kg，大曲酒 1.2 kg，白胡椒粉 0.3 kg，姜粉 0.3 kg。

(4) 摊筛、烘烤：将腌制好的肉片平铺于耐高温塑料筛网上，50～70℃热风循环烘干 4～6 h，再用 150～200℃高温烤烧 1～2 min。

(5) 二次调味：取炒香芝麻 3 kg，味精 0.3 kg 粉碎后与烤熟肉片搅拌均匀、冷却。

(6) 轧片、包装：剔除有焦斑的肉片后，再于三辊异步轧片机轧片。轧片时将肉片纤维与轧辊保持同一方向，使肉片被轧平，并使肌纤维间得以拉松。轧片后即可包装。

成品牛肉片应呈金黄色或浅棕红色，有光泽，纤维松软，水分含量不超过 18%。

实验八 乳样的采集和预处理

【目的和要求】 正确的采样方法是准确测定样品的第一步，通过本实验，熟练掌握样品采集和保存方法，使所采的样品具有代表性。

8.1 采样的准备工作

8.1.1 采样人员

采样人员需接受专门培训，学习有关知识并熟练地掌握采样操作技术。

8.1.2 采样用具

用于微生物检验用的器具，必须清洗后灭菌；用于化学分析的采样用具必须洗净后干燥；用于感官评定的样品，其用具不应使样品具有外带的滋、气味。应使用清洁干燥、不透水、不透油、密封性好，能承受灭菌的适当形状、容积的容器作为液体样品的容器。通常采用不锈钢制品或玻璃器具。

8.1.3 样品的封装与标贴

采好的样品要密封包装，贴上标签。标签上应注明样品名称、来源、数量、采集日期和编号等内容。并配备记录本，做好样品的登记工作，要记载样品来源、数量、采样要求、采集和保存条件等内容。

8.2 样品的采集及预处理

每个待检样品采两个样，一个为分析样品，另一个为保存样品，当一个样品发现错误时，可用保存样品重新测定。各种样品的采样量和采样频率可查阅相关的国家标准。

8.2.1 液态乳采样

1. 鲜乳采样

采样前必须用搅拌器在乳中充分搅拌，使乳的组成均匀一致。因乳脂肪的比重较小。当乳静止时，乳的上层较下层富于脂肪。如果乳表面上形成了紧密的一层乳油时，应先将附着于容器上的脂肪刮入乳汁中，然后再搅拌。如果有一部分乳已冻结，必须使其全溶化后再搅拌混匀后，立即采样。

对于个体乳样，采样时必须按待检者每次产乳量的比例，连续两昼夜地取样，然后将每次所取之样品混合，即成为均匀的平均样品供分析用。每次挤出的乳应取多少样品，可按下列方法计算：

X(mL/L)＝所需样品总量(mL)/2 d内乳的总量(L)，Y(mL)＝某次挤乳量(L)×X(mL/L)；

X——代表每升乳的采样量；Y——代表某次挤乳量中应采取的乳量。

对于混装乳，可按不同批号分别进行，若同一批乳由多个容器分装时，采样桶数可按下式计算：

$$S=\sqrt{\frac{N}{2}}$$

式中，S——采样桶数；

N——该批乳的桶数。

例如：50桶混装乳，应随机抽取5桶(由上式计算而得)，从中取样400～600 mL，作为平行样，在这5桶中按比例采取。

2. 炼乳取样

先在清水中将罐外洗刷清洁，置30～35℃水浴中加热至罐内外温度一致，然后立即开罐，用刮刀刮起所有内壁粘附物，倾入另一较大容器，充分搅拌后取样，或称100 g混匀的样品，置于500 mL容量瓶中，用水稀释至刻度，充分摇匀、称样后测定各成分。

3. 稀奶油取样

将稀奶油来回倾倒、摇荡、搅拌，直至成为均匀的乳状液，然后立即采样；如果稀奶油稠厚，可加热到30～35℃混合均匀；如果有块状，需置水浴中加热至38℃，采样后必须迅速进行检验，最好在3天内完成。

8.2.2　固态乳采样

1. 乳粉样品的采集

乳粉在阴雨天或湿度大的天气下应避免采样，以减少样品从空气中吸入水分，导致实验误差。而用箱或桶包装的乳粉，可按国家标准或以下方法采样。即在筒内乳粉表面划一直径，再垂直此直径划一半径，两条线顶端三点成为一个三角形，取三角形顶点及三边的中点共6个点。用采样器从此6点采样，采样器长度应能达到桶底，采取的样品全部移入相当于样品体积2倍的清洁、干燥、不漏气的容器中，并立即封口。开始检测前，先将盛样容器充分摇荡并反复颠倒，使样品充分混匀，然后立即采样，采样速度越快越好。如有团块存在，用20目的筛过筛后采样。

2. 奶油样品的采集

奶油样品应避免暴露在空气和阳光下。将采取的奶油样品放在一个带盖的密闭容器中，在 32～37℃水浴中溶化。同时，应经常从水浴中取出振荡，以避免脂肪析出，直到奶油成为均匀的糊状液体，然后将容器从水浴中取出，猛烈摇动后置振荡机上振荡，直至样品逐渐冷至黏稠状，成为不能流动的、不再保持平滑表面的状态，此时即可迅速称取样品。

3. 干酪样品的采集

根据干酪的类型、形状、重量等，选择不同的采样方法。切割采样：圆形和长方形的大块干酪，去掉表皮，用不锈钢刀从中间切开，进一步切成扇形，取扇形侧面部位的一整片样品，进行粉碎和包装。对小块干酪及盛在小容器中的干酪，可全部采作样品。采得的样品在测定前可用药匙取 30～50 g 于研钵中，轻轻研碎，待用。

4. 冰淇淋冷冻甜食

将样品切成 6 cm×7 cm(约 250 mL)左右大小的块状，随机选择 2～3 块，置加盖的高速粉碎机中，先在室温软化，然后打碎混合，一般打 2 min，尽量缩短混合时间，不要使样品温度超过 12℃，立即倾入广口瓶并盖紧盖。如果经过放置，称样前应再次充分振摇均匀。

8.2.3 样品的保存

对于不立即测定的样品，采样后应在 0～4℃下保存或加防腐剂保存等进行防腐处理(做细菌学检查时不准加防腐剂)，以防止微生物的生长和繁殖。

1. 重铬酸盐保存法

重铬酸盐为强氧化剂，能抑制乳中微生物活动。其方法是用 20％$K_2Cr_2O_7$ 或 10％ $Na_2Cr_2O_7$ 溶液。在冬季每 100 mL 乳中加入 0.5 mL；在夏季每 100 mL 乳中加入 0.75 mL 即可保存 3～12 d。

2. 甲醛保存法

甲醛可与微生物蛋白发生反应，生产甲醛蛋白，使微生物生命活动停止。其方法是用市售福尔马林(含甲醛 37％～40％)，每 100 mL 乳加入 1～2 滴，即可保存 10～15 d。

3. 过氧化氢保存法

过氧化氢的性质不稳定，易分解产生氧自由基[O]，使微生物生命活动停止。其方法是用市售过氧化氢(30％～33％)，每 100 mL 乳加入 2～3 滴，密闭，可保存 6～10 d。

如果是密封包装的超高温灭菌乳，可不必进行特殊的保存，但温度也不应超过 25℃。表 8－1 列出了一般产品取样的参考要求。

表 8－1　几种产品的取样要求

产　　品	取样量(g)	保存温度(℃)	防腐剂
液体乳	200～300	0～4	可　加
未开封的 UHT 乳	200～300	<25	不　加
开封的 UHT 乳	200～300	0～4	可　加
炼　　乳	200～300	<25	不　加
发酵乳制品	200～300	0～4	不　加
冷冻产品	100	－18	不　加
乳　　粉	100	<25	不　加
奶　　油	100	0～4	不　加
干　　酪	100	0～4	不　加

实验九　原料乳的新鲜度检验

【目的和要求】 通过对原料乳的感官以及滴定酸度、酒精试验、煮沸试验和微生物污染度等指标的测定，以此评定乳的新鲜度。

9.1　感官鉴定

9.1.1　感官评定原则

1. 评定人员须具备良好的生理和精神条件

评定人员应具有良好的健康状况、健全的感觉器官和饱满的精神状态。评定前不能吃得过饱，也不能处于饥饿状态，不能吃味道过浓或刺激的食物，以避免影响食欲和减弱味觉作用。评定前同样不能抽烟喝酒，同时，化妆品的使用也需要注意。头发、脸部和手上若有浓烈的化妆品气味将会给正常品评带来不利影响。评定前口嚼胶姆糖（无味口香糖）能刺激唾液分泌，为品评做好准备。感官评定室内应保持干净、整洁、安静、通风良好、光线适中、温度适宜，从总体上要给人以舒服愉快的精神感觉。正式开始评定（即在样品入口）前要用清水漱口，并洗手。

2. 样品温度

感官评定时不同种类样品应有不同的评定温度。总的要求是要样品不能过冷过热。过冷会使味蕾麻木，失去敏感性；过热会刺激甚至损伤味蕾，使之失去品味功能。原乳一般在18～20℃时评定，其他液态乳制品一般在14～16℃时评定，若产品含糖，温度可略高，若产品经过发酵，温度范围可略宽。奶油一般在13～15℃时评定。干酪的含水量较少，评定时温度范围可略宽。

3. 样品存贮时间

不同样品应根据其保藏期时间不同，贮存相应的时间后再进行感官评定。这样获得的结果较为客观，更有实际意义。

4. 采样方法

同其他的检验测试一样，样品是否有代表性是决定结果是否真实可信的关键。感官评定的取样方法应当按照标准进行。

5. 顺序

得到样品以后应立刻闻味，否则样品接触空气后味道会变淡。一般来说评定员总是先闻味后尝味，因为嗅觉要比味觉敏感得多。

6. 采样量

舌面上不同部位对同一滋味的敏感性不同,因此样品必须在口内充分流动,使整个舌头都接触到样品,否则会造成评味不全面。这就要求进入口中的样品量应足够,同时样品应在口内停留一定的时间。对同类样品进行系列品尝时,停留时间应该相同。需要注意的是评定后口中的样品应全部吐出,不能吞吃下去。

7. 清洗口舌

每品评完一个样品,吐出来,然后要用清水或含有少量盐分的温水彻底漱口,以免口中残余物对下个样品的品评产生干扰作用。

8. 评定环境

感官评定往往是由数名成员组成的小组来完成的。因此最后结果是以小组形式汇报的,也就是说将每个成员的评定结果综合以后取平均值作为结论。这就要求每个成员都必须认真地独立完成自己的品评工作。品评中间避免互相讨论交流,更不能在听了或看了别人的结论后再作自己的判断。

9.1.2　感官评定

正常乳应为乳白色或略带黄色;具有特殊的乳香味;稍有甜味;组织状态均匀一致,无凝块和沉淀,不黏滑。

1. 色泽

新鲜牛乳的色泽呈白色或略带微黄色。白色是由脂肪球、酪蛋白酸钙、磷酸钙微粒子对光的反射和折射所产生的,白色以外的颜色是由核黄素、叶黄素和胡萝卜素等有色物质所形成的。胡萝卜素主要来源于青饲料中,是牛乳带有微黄色的原因,分布于奶油中。冬季饲料中的胡萝卜素含量低,所以奶油的黄色也较浅,牛乳中胡萝卜素含量的多寡与牛的品种也有很大关系。

2. 滋味与气味

新鲜牛乳带有轻微的甜味、微咸味,以及特殊的乳香味,乳糖是甜味的来源。正常乳因乳糖、脂肪及蛋白质等的掩蔽作用而不易感觉,乳房炎乳中的 Cl^- 含量明显高于常乳,咸味较为突出;Ca^{2+}、Mg^{2+} 离子含量过高会使乳带有苦味。特殊的滋味来自乳中适量的甲硫醚、丙酮、醛类及微量的游离脂肪酸;特殊的乳香味来自乳中的挥发性脂肪酸及其他挥发性物质,加热使香味加强。牛乳中常出现新鲜乳以外的其他异味,主要有牛粪味、饲料味、油酸味、金属味、酸味等,主要是吸收外界的异味所致,加工、贮存过程必须注意周围环境以及各种因素对乳风味的影响。

感官评定员不仅应能够认识正常风味,而且还应善于辨别异味。乳和乳制品的感官评定中经常会遇到异味,主要有下列这些。

(1) 牛体味：牛患酮病时在体内会产生体味，然后流入乳中。其主要成分是丙酮和甲基硫。

(2) 蒸煮味：由巴氏消毒、预热、超热、超高温处理所产生的气味。

(3) 饲料味：饲料所特有的滋味和气味。

(4) 淡 味：由于掺水所致。

(5) 酸 味：乳中乳糖经发酵变成乳酸而产生的气味。

(6) 氧化味：包括油脂味、陈腐味、纸箱味等，大多由牛奶中脂肪发生氧化所引起。

(7) 腐败味：贮奶容器输送管道和加工时所混入的异味。

(8) 碱 味：由于牛乳中脂肪酸分解所致。

(9) 咸 味：泌乳后期牛和乳房炎病牛所产的乳有这种异味。

3. 组织状态

均匀一致，无凝固和沉淀，不黏滑。

4. 检定步骤

(1) 色泽检定——将少量乳倒入白瓷皿中观察颜色；

(2) 气味检定——将乳加热后，闻其气味；

(3) 滋味检定——取少量乳用口品尝；

(4) 组织状态检定——将乳倒入小烧杯内静置 1 h 左右后，再小心将其倒入另一小烧杯内，仔细观察第一个小烧杯内底部有无沉淀和絮状物。再取一滴乳于大拇指上，检查是否黏滑。

5. 评分标准和结果报告

感官评定的评分标准有不同体系，这里介绍两种常用的方法，即百分制和十五分制。

(1) 百分制评分标准和结果表示

我们国家的乳与乳制品及其检验方法中感官评定所采用的评分标准是百分制。下面以全脂乳粉为例说明。表 9－1 是感觉评分项目及每一项目最高得分；表 9－2 是每一项目出现缺陷的特征及其扣分范围。

表 9－1 感觉评分项目及每一项目最高得分与分级*

项 目	分 数	总评分与分级标准		
		等级	总评分	滋味和气味最低得分
滋味气味	65	特级	≥90	60
组织状态	25	一级	≥85	55
色 泽	5	二级	≥80	50
冲调性	5			

＊在感官评定时，允许用温水调成复原乳进行鉴定。

表 9-2　每一项目出现缺陷的特征及其扣分范围

项　目	特　征	扣　分	得　分
滋味和气味(65分)	具有消毒牛乳的纯香味,无其他异味者	0	65
	滋味、气味稍淡,无异味者	2～5	63～60
	有过度消毒的滋味和气味者	3～7	62～58
	有焦粉味者	5～8	60～57
	有饲料味者	6～10	59～55
	滋味、气味平淡,无乳香味者	7～12	58～33
	有不清洁或不新鲜滋味和气味者	8～13	57～52
	有脂肪氧化味者	14～17	51～48
	有其他异味者	12～20	53～45
组织状态(25分)	干燥粉末无结块者	0	25
	结块易松散或有少量硬粒者	2～4	23～21
	有焦粉粒或小黑点者	2～5	23～20
	贮藏时间较长,凝块较结实者	8～12	17～13
	有肉眼可见杂质或异物者	5～15	20～10
色泽(5分)	全部一色,呈浅黄色者	0	5
	黄色特殊或带浅白色者	1～2	4～3
	色泽不正常者	2～5	3～0
冲调性(5分)	润湿下沉快,冲调后完全无团块,杯底无沉淀物者	0	5
	冲调后有少量团块者	1～2	4～3
	冲调后团块较多者	1～2	4～3

(2) 十五分制评分标准和结果表示

总的原理与百分制相同,仅将记分表改为从 0 至 15,分成 6 个等级,如表 9-3 所示。

表 9-3　十五分制评分标准

15～13	12～10	9～7	6～4	3～1	0
极好	很好	中等	稍差	差	很差

表 9-4　十五分制评分结果示例

项　目	评　分	权　重	得　分
香味与滋味	12	4	48
外观与结构	9	5	45
包　装	15	1	48
小　计		10	108
最终评分			10.8

如果给某项指标打 9 或 9 以下的分数，就必须指出缺陷。不能不说明原因而给产品低分。最终评定采用加权平均的方法。现以 38%含脂肪率的稀奶油为例说明(表 9-4)：加权平均分为 108÷10=10.8 分，该产品的最终评分为 10.8 分，属于“很好”一级的产品。

9.2 滴定酸度的测定

9.2.1 原理

乳的酸度是指乳的自然酸度与发酵酸度的总和。自然酸度是由牛乳中的酸性物质(蛋白质、柠檬酸盐、磷酸盐、CO_2 等)造成牛乳的酸度，又称为固有酸度。发酵酸度是由于乳中微生物发酵产生乳酸，导致乳的酸度增加，这部分来自微生物发酵产生的酸度称为牛乳的发酵酸度(或发生酸度)。固有酸度中来源于 CO_2 占 0.01%～0.02%(2～3°T)，乳蛋白占 0.05%～0.08%(3～4°T)，柠檬酸盐占 0.01%和磷酸盐占 0.06%～0.08%部分(10～12°T)。正常的新鲜牛乳呈微酸性，其 pH 介于 6.5～6.7 之间，16～18°T，0.15～0.17%，酸败乳、初乳的 pH＜6.5，乳房炎乳、低酸度乳 pH＞6.7。

乳挤出后在存放过程中，由于微生物的活动，分解乳糖产生乳酸，而使乳的酸度升高。测定乳的酸度，可判定乳是否新鲜。乳的滴定酸度常用吉尔涅尔度(°T)和乳酸度(乳酸%)表示。

吉尔涅尔度(°T)是以中和 100 mL 乳中的酸所消耗的 0.1 mol/L 氢氧化钠的 mL 数来表示，消耗 0.1 mol/L 的氢氧化钠 1 mL 为 1 个°T。

乳酸度(乳酸%)指乳中酸的百分含量。

9.2.2 仪器药品

0.1 mol/L 草酸溶液，0.1 mol/L 氢氧化钠溶液，10 mL 吸管，150 mL 三角瓶，25 mL 酸式滴定管，0.5%酚酞酒精溶液，0.5 mL 吸管，25 mL 碱式滴定管，滴定架。

9.2.3 操作方法

(1) 标定氢氧化钠溶液，求出氢氧化钠的校正系数(F)：取 0.1 mol/L 草酸($H_2C_2O_4 \cdot 2H_2O$)溶液 20 mL 于 150 mL 三角瓶中，加 2 滴酚酞酒精溶液，以0.1 mol/L(近似值)氢氧化钠溶液滴定至粉红色(1 分钟内不褪色)，并记录其用量(v)。

$$F = \frac{0.1\ \text{mol/L 草酸的体积(mL)}}{0.1\ \text{mol/L(近似值) 氢氧化钠的体积(mL)}}$$

在本操作中 $F=\frac{20}{v}$。

(2) 滴定乳的酸度：取乳样 10 mL 于 150 mL 三角瓶中，再加入 20 mL 蒸馏水和 0.5 mL 0.5%酚酞溶液，摇匀，用 0.1 mol/L(近似值)氢氧化钠溶液滴定至微红色，在 1 分钟内不消失为止，记录 0.1 mol/L(近似值)氢氧化钠所消耗的 mL 数(X)。

计算滴定酸度：

$$吉尔涅尔度(°T)=X\times F\times 10$$

$$乳酸(\%)=(X\times F\times 0.009)/(乳样的 mL 数\times 乳的比重)$$

式中，X——滴定时消耗的 0.1 mol/L(近似值)氢氧化钠的 mL 数；

F——0.1 mol/L(近似值)氢氧化钠的校正系数；

10——乳样的倍数；

0.009——0.1 mol/L、1 mL 氢氧化钠能结合 0.009 g 乳酸。

根据测定的结果判定乳的品质，见表 9-5。

表 9-5　滴定酸度与牛乳品质关系表

滴定酸度(°T)	牛 乳 品 质	滴定酸度(°T)	牛 乳 品 质
低于 16	加碱或加水等异常的乳	高于 25	酸性乳
16～20	正常新鲜乳	高于 27	加热凝固
高于 21	微酸的乳	60 以上	酸化乳，能自身凝固

9.2.4　注意事项

(1) 使用的 0.1 mol/L NaOH 溶液，应经精密标定后使用，其中不应含有 Na_2CO_3，故所用蒸馏水应先经煮沸冷却，以驱除 CO_2。

(2) 温度对乳的 pH 有影响，因乳中具有微酸性物质，离解程度与温度有关，温度低时滴定酸度偏低。最好在 20±5℃时滴定为宜。

(3) 滴定速度越慢，则消耗碱液越多，误差大，最好在 20～30 s 完成滴定。

9.3　酒精试验

9.3.1　原理

新鲜乳中的酪蛋白微粒，由于其表面带有相同的电荷(为负电荷)和具有水合作用，故以稳定的胶粒悬浮状态分散于乳中。要想使其从乳中沉淀出来，需有两个条件：一是除去胶粒所带的电荷；二是破坏胶粒周围的结合水层。当乳的新鲜度下降、酸度增高时，酪蛋白所带的电荷就会发生变化。当 pH 达 4.6 时(即酪蛋白的等电点)，酪蛋白胶粒便形成数量相等的正负电荷，失去排斥力量，胶粒极易聚合成大胶粒沉淀下来。此外，加入强亲水物质如酒精、丙酮等，能夺取酪蛋白胶粒表面的结合水层，也使胶粒易被沉淀出来。酒精试验就是借助于不同酸度的乳加入酒精后，酪蛋白凝结的情况不同，从而判断乳的新鲜程度。在酒精试验时，乳的酸度越高，酒精浓度越大，乳的凝絮现象越易发生。

9.3.2 仪器药品

68°、70°和 72°的酒精，1～2 mL 吸管，试管，200 mL 烧杯 2 只，不同新鲜度的牛乳乳样 2～3 个。

9.3.3 操作方法

取试管 3 支，编号(1、2、3 号)，分别加入同一乳样 1～2 mL，1 号管加入与乳样体积等量的 68°酒精；2 号管加入等量的 70°酒精；3 号管加入等量的 72°酒精。摇匀，然后观察有无出现絮片，确定乳的酸度。判定标准(表 9-6)。

表 9-6 酒精浓度与酸度关系判定标准表

酒精浓度	不出现絮片酸度
68°	20°T 以下
70°	19°T 以下
72°	18°T 以下

注：试验温度以 20℃为标准。

9.4 煮沸试验

9.4.1 原理

乳的酸度越高，乳中蛋白质对热的稳定性越低，越易凝固。根据乳中蛋白质在不同温度时凝固的特征，可判断乳的新鲜度。

9.4.2 仪器

20 mL 试管 3 支，5 mL 刻度吸管 3 支，酒精灯 1 只，水浴箱，不同新鲜度的牛乳乳样 2～3 个。

9.4.3 操作方法

(1) 取 10 mL 乳，放入试管中，用酒精灯加热至沸腾，观察管壁有无絮片出现或发生凝固现象。

(2) 判定标准：如果产生絮片或发生凝固，则表示乳样不新鲜，酸度大于 26°T（表 9－7）。

表 9－7　牛乳的酸度与凝固温度的关系

酸度(°T)	凝 固 条 件	酸度(°T)	凝 固 条 件
18	煮沸时不凝固		
22	煮沸时不凝固	40	加热至 65℃时凝固
26	煮沸时能凝固	50	加热至 40℃时凝固
28	煮沸时能凝固	60	22℃时自行凝固
30	加热至 77℃时凝固	65	16℃时自行凝固

9.5　乳中细菌污染度的测定

9.5.1　甲烯蓝试验

1. 原理

乳中含有各种不同的酶，其中还原酶是细菌生命活动的产物，乳的细菌污染越严重，则还原酶的数量越多，还原酶具有还原作用，可使蓝色的甲烯蓝还原为无色的甲烯蓝，还原酶越多则褪色越快，细菌污染度越大。反应式为：

$$\left[(H_3C)_2N\text{-}C_{12}H_6NS\text{-}N(CH_3)_2\right]Cl \xrightarrow{+2H^+} (H_3C)_2N\text{-}C_{12}H_6(NH)S\text{-}N(CH_3)_2 + HCl$$

2. 仪器药品

0.01 g/300 mL 的甲烯蓝溶液、干燥箱、酒精灯、1 mL 吸管、20 mm×200 mm 的试管、10 mL 吸管、水浴箱或恒温箱。

3. 操作方法

(1) 仪器消毒：试验中所用的吸管、试管等必须事先经过干热灭菌。

(2) 以无菌操作吸取 10 mL 乳样于试管中，再加入甲烯蓝 1 mL，塞上棉塞，摇匀，然后放在 35～40℃的水中或恒温箱中，记录开始恒温的时间。

(3) 每隔 10～15 min 观察试管内容物褪色的情况。

(4) 根据试管内容物褪色的速度，确定乳中的细菌数及细菌污染度的等级。

(5) 判定标准（表 9－8）。

表 9-8　甲烯蓝试验判定标准表

甲烯蓝褪色时间	1 mL 乳中的细菌数	乳的细菌污染度等级
＞7.5 h	＜1.0×10^{5}	Ⅰ级(良好)
6.5～7.5 h	1.0×10^{5}～3.0×10^{5}	Ⅱ级(中等)
5.5～6.5 h	3.0×10^{5}～5.0×10^{5}	Ⅱ级(中等)
5～5.5 h	5.0×10^{5}～1.0×10^{6}	Ⅱ级(中等)
4～5 h	1.0×10^{6}～2.0×10^{6}	Ⅱ级(中等)
3～4 h	2.0×10^{6}～3.0×10^{6}	Ⅱ级(中等)
2～3 h	3.0×10^{6}～4.0×10^{6}	Ⅱ级(中等)
1～2 h	4.0×10^{6}～5.0×10^{6}	Ⅲ级(不好)
40 min～1 h	5.0×10^{6}～1.0×10^{7}	Ⅲ级(不好)
20～40 min	1.0×10^{7}～2.0×10^{7}	Ⅳ级(很坏)
20 min	＞2×10^{7}	Ⅳ级(很坏)

4. 影响因素

(1) 细菌的活性：由于原奶在实验前冷藏时间的延长，传统的适温菌型，逐渐转换为嗜冷菌型，褪色时间和细菌总数之间的相关性变弱。

(2) 溶液的褪色时间与染色液的浓度有关。

(3) 此方法对体细胞(白细胞)及其他细胞的还原作用也敏感，因此还可检验异常乳(乳房炎及初乳或末乳)。

9.5.2　刃天青(利色唑林)试验

1. 原理

刃天青加入正常鲜乳中，乳呈青蓝色，如果乳被细菌污染，能使刃天青还原，由青蓝色→紫色→红色→无色。因此，根据变色情况和变到一定颜色所需的时间可以推断乳中的细菌概数，判定乳被细菌污染的等级。

2. 仪器与药品

20 mL 灭菌具塞刻度试管 2 支，1 mL 及 10 mL 灭菌吸管各 1 支，100℃温度计 1 支；恒温水浴锅 1 台(调到 37℃)，不同新鲜度的乳样 2～3 个，刃天青基础液、刃天青使用液、高压灭菌器、水浴箱、10 mL 吸管、20 mL 试管(带胶塞)。刃天青基础液：取 100 mL 分析纯刃天青于烧杯中，用少量煮沸过的蒸馏水溶解后移入200 mL 容量瓶中，加水至标线，贮于冰箱中备用。此液含刃天青 0.05%。刃天青工作液：以 1 份基础液加 10 份经煮沸后的蒸馏水混合均匀即可，贮于茶色瓶中避光保存。

3. 操作方法

(1) 仪器消毒：同甲烯蓝试验的仪器消毒。

(2) 吸取 10 mL 乳于试管中，再加入刃天青使用液 1 mL 混匀，用胶塞塞好但不要盖严。

(3) 将试管置于 37±0.5℃的恒温水浴锅中水浴加热。当试管内混合物加热到 37℃时(用只加乳液的对照试管测温),将管口塞紧,开始计时,慢慢转动试管(不振荡),使受热均匀,于 20 min 时第一次观察试管内容物的颜色变化,记录;水浴到 60 min 时进行第二次观察,记录结果。根据两次观察结果,按表 9-9 项目判定乳的等级质量。

表 9-9　乳的等级质量

级　别	乳 的 质 量	乳 的 颜 色		每 mL 乳中的细菌数(60 min)
		经过 20 min	经过 60 min	
1	良好	—	青蓝色	100 万以下
2	合格	青蓝色	蓝紫色	100 万～200 万
3	不好	蓝紫色	粉红色	200 万以上
4	很坏	白色	—	—

实验十　原料乳的掺假检验

【目的和要求】 通过本实验，掌握各种掺假乳的检测技术，深入理解这些检测方法的原理和操作。

10.1　掺淀粉和米汁的检出

10.1.1　原理

掺水的牛乳乳汁变得稀薄，相对密度降低。向乳中掺淀粉可使乳变稠，相对密度接近正常。一般淀粉中都存在着直链淀粉与支链淀粉2种结构，其中直链淀粉可与碘生成稳定的络合物，呈现深蓝色，借此对乳中加入的淀粉或米汁进行检测。

10.1.2　仪器与试剂

5 mL吸管2支，大试管2支，碘溶液(碘化钾1 g溶于少量蒸馏水中以此溶液溶解0.5 g碘，全溶后移入100 mL容量瓶中，加水至刻度)，20%醋酸。

10.1.3　操作方法

(1) 甲法：适用于加入淀粉或米汁较多的情况。取5 mL乳样入试管中，稍煮沸，待冷却后，加入3～5滴碘溶液，观察试管内颜色变化。

(2) 乙法：适用于加入淀粉、米汁较少的情况。取5 mL乳样注入试管中，再加入0.5 mL 20%醋酸，充分混合后过滤于另一试管中，适当加热煮沸，以后操作同甲法。

(3) 结果判定：如果牛奶中掺有淀粉、米汁，则出现蓝色或蓝青色；如掺入糊精类，则为紫红色。

10.2　掺豆浆乳的检测方法

10.2.1　原理

豆浆中含有皂角素，可溶于热水或酒精中，然后可与氢氧化钠(或氢氧化钾)生成黄色化合物，据此进行检测。

10.2.2　仪器与试剂

5 mL吸管2支，2 mL吸管1支，大试管2支，醇醚混合液(乙醇和乙醚等量混合)，28%的氢氧化钾溶液。

10.2.3　操作方法

取样乳 5 mL 注入试管中，吸取乙醇乙醚等量混合加入试管中，再加入 28%氢氧化钾溶液 2 mL 摇匀后置于试管架上，5～10 min 内观察颜色变化，呈黄色时则表明有豆浆存在，同时作对照试验(因豆浆中含有皂角甙与氢氧化钾作用而呈现黄色)。

10.2.4　结果判定

如掺入 10%以上豆浆，则试管中液体呈微黄色；纯牛乳呈乳白色。

10.3　掺碳酸钠的检出

10.3.1　溴麝香草酚蓝法

1. 原理

鲜乳保藏不好时酸度往往升高，加热煮沸时会发生凝固。为了避免被检出高酸度乳，有时向乳中加碱。感官检查时对色泽发黄，有碱味，口尝有苦涩味的乳应进行掺碱检验。生鲜牛乳中如掺有碱性物质，可使指示剂溴麝香草酚蓝变蓝色。溴麝香草酚蓝(亦称为溴百里香酚蓝)是一种酸碱指示剂，pH 变化范围在 6.0～7.6。颜色由黄变蓝，加碱的生鲜牛乳氢离子浓度发生了变化，因而使溴麝香草酚蓝显示出与正常牛乳不同的颜色，同时根据颜色的不同，还可判断其加碱量的多少。

2. 仪器与药品

5 mL 吸管 2 支、试管 2 个、试管架 1 个、0.04%的溴麝香酚蓝酒精溶液(称取 0.04 g 溴麝香草酚蓝溶于少量 95%乙醇溶液，然后将溶液转移到 100 mL 容量瓶中，再用 95%乙醇溶液稀释至刻度)。

3. 操作方法

取被检乳样 3 mL 注入试管中，然后用滴管吸取 0.04%溴麝香酚蓝溶液，小心地沿试管壁滴加 5 滴，使两液面轻轻地互相接触，切勿使两溶液混合，放置在试管架上，静置 2 min，根据接触面出现的色环特征进行判定，同时以正常乳作对照。

4. 判定标准：见表 10-1。

表 10-1　碳酸钠含量与显色颜色的关系

碳酸钠含量	色　泽	碳酸钠含量	色　泽
无碳酸钠	黄　色	含 0.5%的碳酸钠	青绿色
含 0.03%的碳酸钠	黄绿色	含 0.7%的碳酸钠	淡绿色
含 0.05%的碳酸钠	淡绿色	含 1.0%的碳酸钠	蓝　色
含 0.1%的碳酸钠	绿　色	含 1.5%的碳酸钠	深蓝色

注：溴麝香草酚蓝指示剂范围为 pH=6.0～7.6。颜色变化，由黄→黄绿→绿→蓝。

10.3.2　玫瑰红酸法

1. 原理

玫瑰红酸的 pH 范围是 6.9～8.0，遇到加强碱弱酸盐而呈碱性的乳，其颜色会由棕黄色变成玫瑰红色。取被检牛乳 5 mL 于试管中，加入 5 mL 0.05%玫瑰红酸酒精溶液(溶解 0.05 克玫瑰红酸于 100 mL 的 95%酒精中)，摇匀，观察其颜色反应。如果牛乳中有像碳酸钠这样的碱性物质存在，则呈玫瑰红色。天然乳呈淡褐黄色。

2. 方法

于 5 mL 乳样中加入 5 mL 玫瑰红酸液，摇匀，乳呈肉桂黄色为正常，呈玫瑰红色为加碱乳。加碱越多，玫瑰红色越鲜艳，应以正常乳做对照。

10.4　掺食盐的检验

10.4.1　原理

向乳中掺盐可以提高乳的相对密度。口尝有咸味的乳有掺盐的可能，须进行掺盐检验。

10.4.2　仪器及试剂

20 mL 试管 2 支，1 mL 吸管 1 支，5 mL 吸管 1 支；试剂：0.01 mol/L 硝酸银溶液，10%铬酸钾水溶液；乳样：掺盐乳样和正常乳样各 1～2 个。

10.4.3　方法

取乳样 1 mL 于试管中，滴入 10%铬酸钾 2～3 滴后，再加入 0.1 mol/L 的硝酸银 5 mL(羊乳需 7 mL)摇匀，观察溶液颜色。溶液呈黄色者表明掺有食盐，呈棕红色者表明未掺食盐。

10.5　掺硝酸盐和亚硝酸盐的检验

10.5.1　掺硝酸盐的检验

1. 原理

在柠檬酸溶液中，NO_3^- 能被 Zn 还原为 NO_2^-，NO_2^- 与对氨基苯磺酸及盐酸萘乙二胺作用生成红色偶氮化合物。

2. 仪器及试剂

仪器：20 mL 试管 2 只，2 mL 吸管 2 只。

试剂：① $BaSO_4$ 100 g(110℃烘干 1 h)；② 柠檬酸 75 g；③ $MnSO_4 \cdot H_2O$ 10 g；④ 对氨基苯磺酸 4 g；⑤ 盐酸萘乙二胺 2 g。

将少量研细的 Zn 粉与 $BaSO_4$ 混合，再与②～⑤全部混合为固体试剂。保存于棕色瓶中备用(密封保持干燥)。

乳样：掺硝酸盐乳样及正常乳样各 1～2 个。

3. 方法

在 2 mL 乳中加上述固体试剂 0.3 g，在硝酸盐存在时，振荡 1 min 后显红色。

10.5.2　掺亚硝酸盐的检验

1. 仪器与试剂

仪器：200 mL 试管 2 支，2 mL 吸管 2 支，乳钵 1 个。

试剂：对氨基苯磺酸 10 g，1-萘胺 1 g，酒石酸 89 g。三种试剂分别称好后于乳钵中研碎，在棕色瓶中干燥保存备用。

乳样：掺亚硝酸盐乳样及正常乳样各 1～2 个。

2. 方法

取乳样 2 mL，加固体试剂 0.2 g 混合，有 NO_2^- 存在时显桃红色。

10.6　铵盐化合物的检出

10.6.1　原理

牛乳中的 NH_4^+ 或 NH_3 与碘化汞反应，生成黄橙色的复盐试液。本法检测灵敏度为 600×10^{-6}。

10.6.2　仪器与试剂

小试管 2 支，2 mL 吸管 1 支，滴管 1 支，试管架，纳氏试剂(碘化钾 11.5 g，碘化汞 8 g,加蒸馏水 50 mL,溶解后再加入 50 mL30%氢氧化钠,混匀后移入茶色瓶中,用时取其上清液)。

10.6.3 操作方法

吸取 2 mL 乳样于试管中,滴加纳氏试剂 4～5 滴,放在试管架上静置 5 min,然后观察颜色变化。同时做空白对照试验。

10.6.4 结果判定

如牛奶中掺有碳酸铵,则试管中溶液呈黄色或淡橙色,颜色深浅依铵盐浓度而定,正常乳颜色无变化。

10.7 尿素的检出

10.7.1 原理

在酸性条件下,乳样中的尿素与亚硝酸钠作用,生成黄色物质。而当乳样中无尿素时,亚硝酸钠与对氨基苯磺酸发生重氮反应,其产物与萘胺起偶氮作用,生成紫红色。

10.7.2 仪器与试剂

5 mL、1 mL 吸管各 2 支、试管 2 支、1%硝酸钠溶液、浓硫酸(1.80～1.84)、格里斯试剂(89 g 酒石酸,10 g 对氨基苯磺酸和 1 g α-萘胺三种试剂在乳钵中研成细末,贮存在棕色试剂瓶中,暗处保存)。

10.7.3 操作方法

取乳样 3 mL 注入试管中,向试管中加入 1%硝酸钠 1 mL 及浓硫酸 1 mL,摇匀放置 5 min。待泡沫消失后,加 0.5 g 格里斯试剂,摇匀,观察试管中液体颜色的变化。如有尿素存在则颜色不变(因尿素与亚硝酸盐作用在酸性溶液中生成 CO_2、$N_2\uparrow$ 和 H_2O),无尿素则亚硝酸盐与对氨基苯磺酸重氮化后再与 α-萘胺作用形成偶氮化合物,呈紫红色。同时作空白对照试验。

10.8 牛乳中掺防腐剂的检测

10.8.1 硼酸、硼砂的检测

1. 原理

姜黄试纸被硼酸或其盐类的酸性溶液润湿后烘干时,有棕红色的斑点出现。

加酸时，斑点的颜色不改变，加碱时又变为蓝绿色或墨绿色。

2. 仪器与试剂

仪器：瓷坩埚　电炉　水浴锅　表面皿

试剂：6 mol/L 盐酸，4%碳酸钠溶液，0.1 mol/L 氢氧化钠溶液，姜黄试纸：称取 20 g 姜黄粉末，用冷水浸渍 4 次，每次各 100 mL，除去水溶性物质后，残渣再在 100℃干燥，加 100 mL 乙醇，浸渍数日，过滤，取 1 cm×8 cm 滤纸条，浸入溶液中，取出，于空气中干燥，贮于有色玻璃瓶中。

3. 操作方法

(1) 取 20 mL 乳样于瓷坩埚中，加 4%碳酸钠溶液至呈碱性，水浴蒸干。

(2) 移至电炉上小火炭化，再移至高温炉(500℃)中灰化，取出冷却，加 10 mL 水后加热煮沸，使残渣溶解，冷却过滤，滤液滴加 6M 盐酸。

(3) 把姜黄试纸浸入酸性的滤液中，片刻后取出，将试纸置于表面皿上，置 60℃干燥，观察颜色变化，在其变色部分熏以氨水，再观察颜色变化。

4. 结果判定

如牛乳中有硼酸、硼砂存在时，第一次试纸显红色或橙红色，第二次试纸显墨绿色。

5. 说明

结果判定也采取焰色反应。在瓷坩埚中，加硫酸及乙醇各数滴，直接点火，如有硼酸或硼砂存在时，火焰呈绿色。

10.8.2　水杨酸、苯甲酸的检测

1. 仪器与试剂

仪器：水浴锅，200 mL 锥形瓶，分液漏斗，吸管试管等。

试剂：10%氢氧化钠溶液，盐酸，无水乙醚，无水硫酸钠，1∶1 氨水，1%氯化铁溶液，10%亚硝酸钾溶液，50%醋酸，10%硫酸铜溶液。

2. 操作方法

(1) 取 100 mL 乳样于锥形瓶中，加 5 mL 10%氢氧化钠溶液，搅匀，再加 10 mL 硫酸铜溶液，搅匀。

(2) 过滤，收集于分液漏斗中，加 5 mL 盐酸，75 mL 乙醚，用力振摇 2 min，收集乙醚层于另一分液漏斗中，加 5 mL 水洗涤乙醚层，反复几次，经无水硫酸钠脱水，微温除去乙醚。

(3) 残渣加 1 mL 1∶1 氨水溶解，置水浴锅上蒸干，加 2 mL 水溶解。

(4) 取残留物溶解水溶液 1 mL 于试管中，加数滴 1%氯化铁溶液，观察试管中液体颜色的变化。

3. 结果判定

(1) *初步判定*：如试管中液体呈肉色沉淀，疑有苯甲酸，如产生深紫色，则疑有

水杨酸。

(2) 确证试验：取残渣溶于少量热水中，冷却后加4～5滴10%亚硝酸钾溶液，4～5滴50%醋酸，1滴10%硫酸铜溶液，混匀，煮沸30 min，放置片刻，如有水杨酸则呈血红色，苯甲酸不显色。

10.8.3　甲醛的检测

1. 变色酸法

(1) 原理：在硫酸溶液中，乳中的甲醛与变色酸作用生成紫红色化合物，本法灵敏度为0.1×10^{-6}。

(2) 试剂：浓硫酸、变色酸(1,8-二羟基萘-3,6-二磺酸)。

(3) 操作方法：称取2.5 g的1,8-二羟基萘-3,6-二磺酸溶于水中，稀释至25 mL，如有沉淀，过滤除去，配制成变色酸液。取1 mL乳样于试管中，加0.5 mL变色酸液和6 mL浓硫酸，充分混匀，于沸水浴上放置30 min，冷却，观察颜色变化，同时做空白对照实验。如牛乳中有甲醛，则显紫红色。

2. 溴化钾法

(1) 试剂：稀硫酸(水∶浓硫酸＝1∶5)；溴化钾结晶。

(2) 操作方法：取3 mL稀硫酸于试管中，加溴化钾结晶一小粒，摇匀，立即沿管壁加牛乳1 mL，观察颜色变化，同时做空白对照试验。牛乳中有甲醛存在，则显紫色环带，本法灵敏度为20×10^{-6}。

注：牛乳中的甲醛，当存在含有氧化剂的浓硫酸时，在有色氨酸存在下而呈紫色反应，溴化钾遇硫酸放出溴作为氧化剂。如溴大量逸出成氢溴酸时，则使溶液颜色分布于全管，顶部呈红紫色，中间深红，底部为深紫色。

10.8.4　次氯酸盐及氯胺的检测

1. 试剂

(1) 碘化钾溶液：7 g碘化钾溶解于100 mL水中，临用前配制。

(2) 稀盐酸：100 mL浓盐酸与200 mL水混合均匀。

(3) 淀粉液：取1 g淀粉置于烧杯中，用少量水搅匀后，缓慢倾入100 mL沸水中，边加边搅拌，煮沸2 min，冷却。

2. 操作方法

(1) 取5 mL乳样，置于试管中，加入1.5 mL碘化钾溶液，充分摇匀，注意观察牛乳的颜色。

(2) 如无颜色变化，加入4 mL稀盐酸，用玻璃棒充分搅匀，注意观察凝乳的颜色。

(3) 然后将试管置入85℃的水浴中，恒温10 min，取出迅速置于冷水中冷却，注意观察凝乳与液体的颜色变化。

(4) 最后将 0.5～1 mL 淀粉液加到凝乳下面液体中，再应注意观察颜色变化。

3. 结果判定

根据表 10－2，即可得出检测结果。

表 10－2　次氯酸盐及氯胺检测的反应结果

有效氯浓度	1/1 000	1/2 000	1/5 000	1/10 000	1/25 000	1/50 000
操作 1	淡黄褐	深　黄	微黄褐色	—	—	—
操作 2	淡黄褐	深　黄	浅　黄	—	—	—
操作 3	淡黄褐	深　黄	黄　色	黄　色	微黄	淡　黄
操作 4	蓝　紫	蓝　紫	蓝　紫	暗红紫	红紫	微红紫

10.8.5　重铬酸钾的检测

1. 仪器与药品

2 mL 吸管 2 支、试管 2 支、2%的硝酸银溶液。

2. 测定方法

吸取 2 mL 待检乳注入试管中，再加入 2 mL 的 2%硝酸银溶液，摇匀后，观察颜色变化。如出现黄色或红色，则判定有重酸钾存在。注：100 mL 乳中加入 1%的重酸钾溶液 1 mL，可贮存 8～12 d。

10.8.6　过氧化氢的检测

1. 碘化钾-淀粉法

(1) 原理：食品中的强氧化物在稀硫酸中使碘化钾氧化，产生定量的碘，生成的碘以淀粉为指示剂，用硫代硫酸钠标准溶液滴定，可测得强氧化物的总量。加入过氧化氢酶使过氧化氢分解，使其失去氧化性而区别于其他强氧化剂。利用这一特点，同时进行用过氧化氢酶分解过氧化氢后，用硫代硫酸钠标准溶液滴定除去过氧化氢后的其他氧化物含量。从两次滴定结果所消耗的硫代硫酸钠标准溶液的毫升数之差，计算过氧化氢的含量。

(2) 仪器与试剂：天平，容量瓶、烧杯，硫代硫酸钠，可溶性淀粉，碘化钾溶液，浓硫酸，钼酸铵，过氧化氢酶(单位活力大于 200 000 u/mL)，亚铁氰化钾[$K_4Fe(CN)_4 \cdot 3H_2O$]，乙酸锌，冰乙酸。

溶液的配制：

0.1 mol/L 硫代硫酸钠标准储备溶液，临用前稀释为 0.002 mol/L 硫代硫酸钠标准工作溶液；淀粉指示剂(10 g/L)：取 0.5 g 可溶性淀粉用蒸馏水调和，加入 30 mL 沸蒸馏水中 2～3 分钟，冷却后定容至 50 mL；碘化钾溶液(100 g/L)：取 10.0 g 碘化钾溶于蒸馏水中，并定容至 100 mL；10%稀硫酸(按质量浓度)：量取 60 mL 浓硫酸，用蒸馏水稀释至 1 000 mL；钼酸铵溶液：取 3.0 g 钼酸铵溶于蒸馏水，并定容至 100 mL；0.1%过氧化氢酶溶液：称 0.10 g 过氧化氢酶(单位活力大于 200 000 u/mL)，用 100 mL 蒸馏水分多次将其溶解，置冰箱保存；亚铁氰化钾溶液：称取 106.0 g 亚铁氰化钾，用水溶解，并稀释至 1 000 mL；乙酸锌溶液：称取 220.0 g 乙酸锌，加 30 mL 冰乙酸溶于水，并稀释至 1 000 mL。

(3) 操作方法：吸取 25 mL 乳样于 100 mL 容量瓶中，加乙酸锌溶液和亚铁氰化钾溶液各 5 mL，摇匀定容，过滤备用；分别吸取 25.0 mL 滤液于 A、B 两个 250 mL 的碘量瓶中，A 瓶中加入 0.1%过氧化氢酶 0.5 mL，混匀，放置过 10 min(入置过程中摇动数次)；在 A、B 两瓶中各加入 10%硫酸溶液、碘化钾各 5.0 mL，加 3%钼酸铵 3 滴，混匀，置暗处放置 10 min，各加水 50 mL，分别用硫代硫酸钠滴定，待滴至微黄色时，加淀粉指示剂 0.5 mL，继续滴至蓝色消失，分别记录 A、B 两瓶消耗硫代硫酸钠的毫升数。

(4) 结果计算：乳样中过氧化氢的含量按下式计算：

$$X = \frac{(V_B - V_A) \times c \times B \times 34.02}{V} \times 1\,000$$

式中，X——乳样中过氧化氢含量(mg/mL)；

V_A——A 瓶中消耗硫代硫酸钠溶液体积；

V_B——B 瓶中消耗硫代硫酸钠溶液体积；

c——硫代硫酸钠滴定标准溶液浓度；

V——乳样体积；

B——乳样稀释倍数；

34.02——与 1 mL 硫代硫酸钠标准溶液相当的过氧化氢的毫克数。

计算结果保留三位有效数字。

2. 五氧化二钒法

(1) 试剂：五氧化二钒试剂：溶解 1 g 五氧化二钒于 100 mL 稀硫酸中。

(2) 操作方法：取 10 mL 乳样，加入 10～20 滴五氧化二钒试剂，混合后观察颜色变化。

(3) 结果判定：若液体呈粉红色或红色，说明有过氧化氢存在。

10.9 掺水试验

10.9.1 相对密度法

1. 原理

对于感官检查发现乳汁稀薄、色泽发灰(即色淡)的乳，有必要做掺水检验。目前常用的是相对密度法。因为牛乳的相对密度一般为 1.028～1.034，其与乳的非脂固体物的含量百分数成正比。当乳中掺水后，乳中非脂固体含量百分数降低，相对密度也随之变小。当被检乳的相对密度小于 1.028 时，便有掺水的嫌疑，并可用相对密度数值计算掺水百分数。

2. 仪器与试样

20℃/4℃密度计（密度计测得的数值加 2°即换算为相对密度数值），200～250 mL 量筒 1 只，温度计 1 只，200 mL 烧杯 2 只，掺水与未掺水乳样各 1～2 个。

3. 测定方法

将乳样充分搅拌均匀后小心沿量筒壁倒入筒内 2/3 处，防止产生泡沫而影响读数。将乳稠计小心放入乳中，使其深入至 1.030 刻度处，然后使其在乳中自由游动（防止与量筒壁接触）。静止 2～3 min 后，两眼与密度计同乳面接触处成水平位置进行读数，读出弯月面上缘处的数字。

4. 计算出乳样的相对密度、密度和掺水量

（1）*计算乳样的密度*：乳的密度是指 20℃时乳与同体积 4℃水的质量之比，如果乳温不是 20℃，需进行校正。在乳温为 10～25℃范围内，乳密度随温度升高而降低，随温度降低而升高。温度每升高或降低 1℃时，实际密度减小或增加 0.000 2（即 0.2°）。故校正为实际密度时应加或减去 0.000 2。例如乳温度为 18℃时测得密度为 1.034，则校正为 20℃乳的密度应为：1.034－［0.000 2×(20－18)］＝1.034－0.000 4＝1.033 6。

（2）*计算乳样的相对密度*：将求得的乳样密度数值加上 0.002，即换算为被检乳样的相对密度。与正常的相对密度对照，以判定掺水与否。

（3）*用相对密度换算掺水百分数*：测出被检乳的相对密度后，可按以下公式求出掺水百分数：掺水量＝(正常乳相对密度的度数－被检乳相对密度的度数)/正常乳相对密度的度数×100%；例如：某地区规定正常牛乳的相对密度为 1.029，测知被检乳相对密度为 1.025，则：掺水量＝(29－25)/29×100%＝14%。

10.9.2　非脂固体法

1. 原理

利用测得乳样的相对密度和含脂率，计算出总固体和非脂固体，再采牛舍乳样测得其相对密度和含脂率，计算出总固体和非脂固体，两者相比较，即可确定市售乳掺水情况。

2. 计算

乳中掺水情况可由非脂固体含量推算之，一般牛乳的非脂含固体含量约在 8.9%～9.0%之间，最低限为 8.5%，若低于 8.5%时，即有掺水的可能，其掺水量由所测样品的非脂固体含量与 8.5%之差计算得出。

$$掺水量=\frac{8.5-x}{8.5}\times 100$$

注：非脂固体量可由全乳固体量减去含脂率就得出。全固体量可由已测得的乳相对密度和含脂率两个因素代入下列公式求得。

$$全固体=\frac{L\times 0.029}{4}+1.2F+0.14$$

式中，L——乳相对密度读数；

F——含脂率。

10.9.3 联苯胺法

1. 原理

正常乳完全不含硝酸盐，而一般水（包括河水及井水）中所含的硝酸盐与硫酸作用后生成的硝酸，可使联苯胺氧化而呈蓝色。

2. 试剂

(1) 20%氯化钙溶液；

(2) 联苯胺硫酸溶液：取 20 mg 联苯胺溶解于 20 mL 稀硫酸（1∶3）中，再用稀硫酸加至 100 mL。

3. 仪器

锥形瓶、量筒、酒精灯。

4. 操作方法

(1) 取 20 mL 乳样于 100 mL 锥形瓶中，加入 0.5 mL 20%氯化钙溶液，在酒精灯上加热至凝固，冷却，过滤；

(2) 在白瓷皿内加入 2 mL 联苯硫酸溶液，再取过滤液沿瓷皿边缘滴入 2～3 滴，观察反应。

5. 结果判定

若在液体接触处呈蓝色，说明液中有硝酸盐存在，可判为掺水乳。

10.9.4 硝酸银法

1. 原理

正常乳中氯化物含量很低，一般不超过 0.14%，但各种天然水中都含有很多的氯化物，故掺水乳中氯化物含量随掺水量增多而增高，利用硝酸银与氯化物反应可检测之，其反应式如下：

$$AgNO_3+Cl^-\longrightarrow AgCl\downarrow+NO_3^-$$

检验时，先在被检乳中加 2 滴 10％重铬酸钾溶液，硝酸银与乳中氯化物反应完后，剩余的硝酸银便与重铬酸钾反应生成黄色的重铬酸银：

$$2AgNO_3 + K_2Cr_2O_7 \longrightarrow Ag_2Cr_2O_7 + 2KNO_3$$

由于氯化物的含量不同，则反应后的颜色也有差异，据此鉴别乳中是否掺水。

2. 试剂

(1) 10％重铬酸钾溶液；

(2) 0.5％硝酸银溶液。

3. 仪器

吸管、试管。

4. 操作方法

取 2 mL 乳样于试管中，加入 2 滴 10％重铬酸钾溶液，摇匀，再加入 4 mL 0.5％ 硝酸银溶液，摇匀，观察颜色，同时用正常乳作对照。

5. 结果判定

正常乳呈柠檬黄色；掺水乳呈不同程度的砖红色，此法反应比较灵敏，在乳中掺水 5％即可检出。

实验十一 乳中抗生素的测定

11.1 TTC 试验

11.1.1 原理

抗生素残留检验是通过 TTC 试验来判定的。往检样中先后加入菌液和 4% TTC指示剂(2,3,5-氯化三苯四氮唑),如检样中有抗生素存在,则会抑制细菌的繁殖,TTC 指示剂不被还原、不显色;反之,则细菌大量繁殖,TTC 指示剂被还原而显红色,从而可以判定有无抗生素残留。

11.1.2 仪器和试剂

恒温水浴槽,恒温培养箱,1 mL 灭菌试管 2 支,灭菌的 10 mL 具塞刻度试管或灭菌带棉塞的普通试管 3 支,试验菌液(将嗜热乳酸链球菌接种入灭菌脱脂乳,置 36±1℃水浴锅中恒温 15 小时,然后再用灭菌脱脂乳以 1∶1 比例稀释备用),TTC 试剂(1 g TTC 溶于灭菌蒸馏水中,置于褐色的瓶中在冷暗处保存,最好现用现配)。

11.1.3 操作步骤

① 取乳样 9 mL 放入试管中。
② 置 80℃水浴中恒温 5 min。
③ 冷却至 37℃以下。
④ 加入菌液 1 mL。
⑤ 置 36±1℃恒温培养箱中培养 2 h。
⑥ 加入 4%TTC 指示剂水溶液 0.3 mL。
⑦ 置 36±1℃恒温培养箱中培养 30 min。
⑧ 观察牛乳颜色的变化。

11.1.4 结果的判定

加入 TTC 指示剂并于水浴中恒温 30 min 后,如检样呈红色反应,说明无抗生素残留,即报告结果为阴性;如检样不显色,再继续恒温 30 min 作第二次观察,如仍不显色,则说明有抗生素残留,即报告结果为阳性,反之则为阴性。显色状态判断标准见表 11-1。

表 11-1　显色状态判断标准

显色状态	判断
未显色者	阳性
微红色者	可疑
桃红色→红色	阴性

11.2　滤纸圆片法

11.2.1　仪器与药品

灭菌镊子，灭菌蒸馏水，菌种保存培养基（酵母浸汁 2 g，肉汁 1 g，蛋白 5 g，琼脂 15 g，蒸馏水 1 000 mL），增菌培养基（酵母浸汁 1 g，胰蛋白胨 2 g，葡萄糖 0.05 g，蒸馏水 100 mL，pH 8.0±0.1，120℃，20 min 灭菌），试验用琼脂平板培养基（酵母浸汁 2.5 g，胰蛋白胨 5 g，葡萄糖 1 g，琼脂 15 g，蒸馏水 1 000 mL，pH 7.0±0.1，120℃，20 min 灭菌），试验用菌（将 *B. calicolactis* C93 菌种用增菌培养基 55℃±1℃培养 16～18 h。琼脂平板培养基在 55℃加热溶解，将增菌培养基和琼脂平板培养基按 1∶5 比例混合，然后倾入预先加热至 55℃的平皿中，厚度为 0.8～1.0 mm 供当日使用；如装入塑料袋中冷冻保存，可供数日使用），滤纸圆片（直径为 12～13 mm 和 8～10 mm）。

11.2.2　操作方法

用灭菌镊子夹住滤纸片浸入乳样中（事先要混合均匀）去掉多余的乳，放在平板上，用镊子轻轻按实，然后将平皿倒置于 55℃恒温培养箱中，培养 2.5～5 h，取出观察滤纸片周围有无抑菌环出现。有抑菌环证明有抗生素存在，如定量可用配制不同浓度的抗生素标准液的抑菌环大小作比较。抑菌环量测时，包括滤纸片直径在内。

本法对青霉素检出浓度为 0.05～0.025 IU/mL。

实验十二　乳房炎乳的检查

患乳房炎的奶牛由于受细菌感染导致乳房发生病变，乳中盐类平衡发生变化，氯化物含量显著增加，通常采用硝酸银溶液进行滴定。

12.1　仪器与试剂

1 mL、2 mL、20 mL 吸管各 1 支，10 mL 吸管 2 支，200 mL 容量瓶 1 个，250 mL 三角瓶 1 个，50 mL 滴定管 1 支，滴定台架 1 个，量筒 1 个，石蕊试纸，20%硫酸铝溶液，2 mol/L 氢氧化钠溶液，10%酪酸钾溶液，0.028 17 mol/L 硝酸银溶液（每升水溶入 4.788 g 硝酸银，标定后备用），硝酸银溶液（1.341 5 g 硝酸银溶于 1 000 mL 蒸馏水），大试管 2 支，5 mL 吸管 2 支。

12.2　检查方法

（1）氯糖数测定：先测定氯糖量（本试验可按经验数值 4.6～5%计算）。然后测“氯化物”测定时吸取 20 mL 牛乳，注入 200 mL 容量瓶中，加入 10 mL 20%硫酸铝溶液和 8 mL 2 mol/L 的氢氧化钠溶液，混合后，加蒸馏水至刻度，摇和均匀过滤。取 100 mL 滤液注入 250 mL 三角瓶中，加入 1 mL 10%的酪酸钾溶液，以石蕊试纸试其 pH，调到中性，用 0.028 17 mol/L 硝酸银滴定，呈砖红色为终点，最后读数计算。

健康牛乳的氯糖数不超过 4，患乳房炎时乳中氯化物增加，乳糖减少，氯糖数大于 4。

（2）氯化物简易测定：取 5 mL 硝酸银溶液注入试管中，加入 2 滴 10%铬酸钾溶液。再加入样乳 1 mL，摇和后观察颜色变化，如出现黄色，说明乳中氯化物超过 0.14%（因全部银已被沉淀成氯化银）。若乳中氯化物少于 0.14%则出现微红至微棕色（随铬在硝酸银中沉淀量而改变）。一般氯化物正常含量为 0.09%～0.14%。此法可作为乳中掺盐的定性检查。

$$Cl^- + AgNO_3 \longrightarrow AgCl\text{（白色沉淀）；}$$

$$2Ag^+ + K_2Cr_2O_4 \longrightarrow Ag_2CrO_4\text{（红色沉淀）}$$

实验十三　蔗糖的检出

13.1　联苯胺法

13.1.1　试剂

(1) 醋酸铅-氨水溶液：将 250 g 醋酸铅溶解于 600 mL 水中，再加入 250 mL 15%的氢氧化铵；

(2) 联苯胺试剂：10 mL 10%的联苯胺酒精溶液、25 mL 醋酸及 65 mL 浓盐酸混合即成；

(3) 费林氏液：甲液：取 34.64 g 硫酸铜溶于水中，加入 0.5 mL 浓硫酸，加水至 500 mL，乙液：取 173 g 酒石酸钾钠及 50 g 氢氧化钠溶解于水中，稀释至 500 mL，静置 2 d 后过滤，备用。

13.1.2　操作方法及判定

(1) 取 30 mL 牛乳，在水浴上加热到 80～90℃，加入 30 mL 醋酸铅-氨水溶液，用力摇动 30 s，过滤。取无色透明滤液 3 mL，加入等体积的联苯胺试剂，摇匀，并在沸水浴上保持 10 min 后观察结果，若乳中掺有蔗糖，则变为深蓝色，当在水浴中保持时间超过 10 min 以上时，痕量的乳糖存在也可能出现淡蓝色。

(2) 为了排除乳糖等还原糖的干扰，可设对照，即取 4 mL 滤液，加入等体积的费林氏液置沸水浴内加热，如果联苯胺的反应明显(呈蓝色)，而费林氏液的颜色没有变化，则表明有蔗糖存在，此法可检测出 0.1%～1.0%的蔗糖。

13.2　间苯二酚法

13.2.1　原理

在酸性条件下，乳样中的蔗糖与间苯二酚作用，呈红色。

13.2.2　仪器与试剂

5 mL 吸管 1 支、量筒 1 支、50 mL 烧杯 1 个、试管 1 支、50 mL 三角瓶 1 个、漏斗 1 个、滤纸 2 张、100 mL 烧杯 1 个、电炉 1 个、间苯二酚、浓盐酸。

13.2.3 操作方法

量取 30 mL 乳样于 50 mL 烧杯中，然后加入 2 mL 浓盐酸，混匀，待乳凝固后过滤。吸取 15 mL 滤液于试管中，再加入 1 g 间苯二酚，混匀，溶解后，置于沸水浴中 5 min，观察颜色变化，同时做空白对照试验。出现红色者疑为掺糖乳。

13.3 蒽酮法

13.3.1 试剂

称取 0.1 g 蒽酮，溶于 100 mL 稀 H_2SO_4（1：3 稀释）中，临用时配制。

13.3.2 操作方法及判定

取 1 mL 乳样，加 2 mL 蒽酮试剂，若乳中有蔗糖存在，5 min 内溶液显透明绿色。

实验十四　牛乳中掺石灰水、洗衣粉的检测

14.1　掺石灰水的检测

14.1.1　原理

正常牛乳含钙量小于1%，加入硫酸钠溶液、玫瑰红酸钠溶液及氯化钡溶液后呈现红色，如牛乳中掺有石灰水，则生成硫酸钙沉淀，呈白土色。

14.1.2　试剂

1%硫酸钠溶液，1%氯化钡溶液，1%玫瑰红酸钠溶液。

14.1.3　操作方法

取5 mL乳样于试管中，加入1%硫酸钠溶液、1%氯化钡溶液、1%玫瑰红酸钠溶液各1滴，观察颜色变化，同时做空白对照试验。

14.1.4　结果判定

正常牛乳呈红色，掺石灰水的牛乳呈白土色沉淀，本法的灵敏度为100×10^{-6}。

14.2　掺洗衣粉的检测

14.2.1　原理

牛乳中掺洗衣粉后，十二烷基苯磺酸钠在紫外线照射下发荧光。

14.2.2　仪器

紫外分析仪，或紫外成像系统。

14.2.3　操作方法

取10 mL乳样于蒸发皿上，在暗室中置于波长365 nm的紫外分析仪下观察荧光，同时做空白对照试验。

14.2.4　结果判定

如牛乳中掺洗衣粉，则发出银白色荧光，正常牛乳无荧光，呈乳黄色，此法检测的灵敏度为0.1%。

实验十五 乳中杂质度的测定

15.1 原理

用牛粪、园土、木炭制备成混合胶状液作为标准制成 1 到 4 号标准杂质比色板，分别代表杂质的相对含量。用样品杂质板和标准杂质板对照即可得出乳样每公斤含杂质的毫克数。

15.2 仪器与试剂

500 mL 抽滤瓶、真空泵、直径 40 mm 的瓷质布氏漏斗、棉质过滤垫、杂质度标准板、直径 28.6 mm 的空心圆柱体、镊子、500 mL 烧杯、500 mL 量筒、干燥箱。

15.3 标准杂质比色板的制备

使牛粪、园土、木炭通过一定筛孔，然后 100℃烘干，按照下列比例配合混匀。牛粪过孔径 0.44 mm(40 目)的占 53%；牛粪过 20 目，不通过孔径 0.44 mm(40 目)的占 2%；园土过孔径 0.95 mm(20 目)的占 27%；木炭过孔径 0.44 mm(40 目)的占 14%；木炭过孔径 0.95 mm(20 目)，不通过孔径 0.44 mm(40 目)的占 4%。将上述各物混均匀，称取 2 g，加入 4 mL 水，搅匀后加入 0.75%阿拉伯胶溶液 46 mL，再加入已过滤的 50%蔗糖溶液至 1 000 mL，混匀。此溶液每 mL 相当于 2 mg 杂质。取此溶液 5.0 mL 于 50 mL 容量瓶中，用 50%蔗糖溶液稀释至刻度。如此制得的溶液每 mL 相当于 0.2 mg 杂质。现以 500 mL 牛乳或 62.5 g 全脂牛乳粉为准，制备各标准过滤板如表 15－1。

表 15－1 杂质度表(以 500 mL 牛乳量为基准)

加入杂质量(mg) mL×(mg/mL)＝mg	浓度(mg/L)	加入杂质量(mg) mL×(mg/mL)＝mg	浓度(mg/L)
2×2＝4	8	0.50×2＝1.0	2
1.5×2＝3	6	2.50×0.2＝0.5	1
1.0×2＝2	4	1.25×0.2＝0.25	0.5
0.75×2＝1.5	3	0.31×0.2＝0.063	0.125

将上述配好的各种不同浓度的溶液于棉质过滤板上过滤，用水冲洗粘附的牛乳，置于干燥箱中干燥即得。上述杂质度的浓度，以 500 mL 牛乳为基准。若以

62.5 g 全脂牛乳粉为计算基础，则杂质度应以表上数字的 8 倍报告，其浓度单位为 10^{-6}(mg/kg)。

15.4　实验步骤

(1) 容器中的乳样充分搅拌后，取 500 mL，或取乳粉 62.5 g 用经过滤的水充分调和，加热至 60℃；

(2) 用棉质过滤板对乳样进行过滤或抽滤；

(3) 用水冲洗粘附在过滤板上的牛乳；

(4) 过滤板置 102～105℃的烘箱中烘干后，与标准杂质比色板比较，即可得出过滤板上的杂质量。

实验十六　干酪与干酪素的加工

【目的和要求】 通过实验，掌握干酪和干酪素的加工工艺，进一步了解和熟悉其工艺原理和操作过程。

16.1　材料和器具

干酪槽，压榨机，干酪切刀，包布，干酪模，温度计，干酪耙，压板，筛子，凝乳酶(用1%食盐水配成2%溶液)，10%的 $CaCl_2$ 溶液，发酵剂等。

16.2　干酪的加工

16.2.1　普通干酪

1. 工艺流程

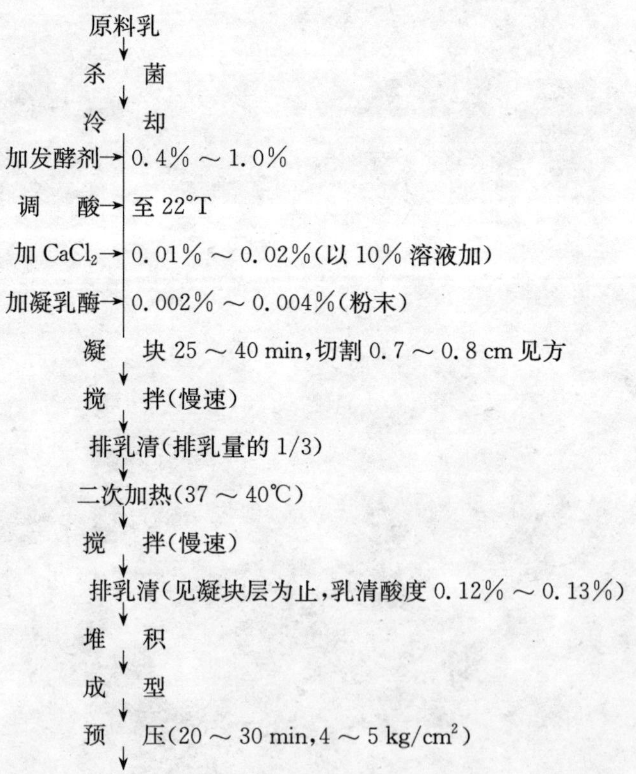

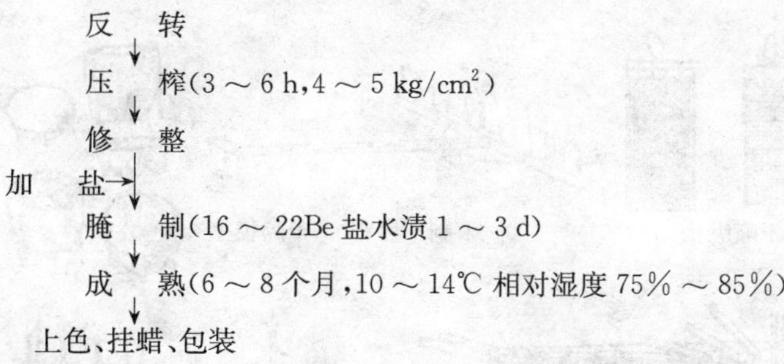

2. 加工要点

(1) 原料验收与标准化：原料乳要符合鲜乳理化及卫生指标,标准化是将原料乳中的酪蛋白和脂肪的比例调至 0.70。

(2) 将乳用纱布滤入杀菌锅内,杀菌条件 73～78℃,15 s,然后再滤入干酪槽中(图 16-1)。

(3) 马上冷却至凝乳温度(29～31℃),并加入约 2%的发酵剂和 0.02% $CaCl_2$(配成 10%溶液)。

(4) 加凝乳酶(用 1%的食盐水配制 2%的溶液,每 100 kg 乳加 2 g)迅速搅拌混匀,恒温 25～40 min 进行凝乳(凝乳酶量按其效价计算后加入)。

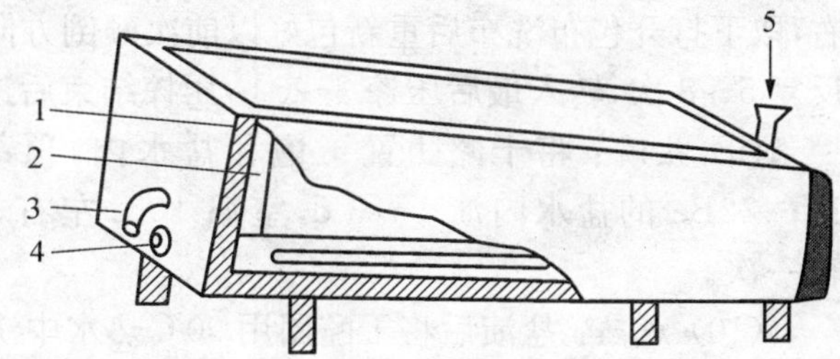

图 16-1　小型干酪槽

1—夹层;2—内槽;3—连桶内槽的排乳清管;4—排水孔;5—水或蒸汽入口

(5) 调酸：加发酵剂 10 min 后,用 1 mol/LHCl 调整乳的酸度至 22°T(0.2%乳酸度)。

(6) 凝块切割及处理：凝块前先检查乳凝固是否正常,即用手指插入凝乳中,如果裂口整齐,质地均匀,乳清透明,即可用纵槽切刀(图 16-2)将凝块切成 6～8 cm^3 的小方块,然后用木耙轻轻搅拌切块 15 min 左右,促使乳清排出、增加切块硬度,搅拌 10 min 后排出乳量 1/3 的乳清(搅拌要缓慢),余下的部分进行第二次加温处理(升温至 40℃每 min 升温 1℃)。同时搅拌可以促进乳酸菌的生长繁殖及使切块进一步收缩挤出乳清,时间 30～40 min。

(7) 堆积成型：二次加温搅拌结束后,干酪粒下沉,形成粒层,此时用耙将其推至干酪槽一侧,放出乳清并用带孔的木板挤压 15 min 左右,压成干酪层,之后用刀切成与模型大小状相宜的块放入模型中,手压成型。

(8) 压榨：先用预先洗净的干酪布(33 cm 见方白棉布即可)以对角方向将成型好的干酪团包好(防止出皱褶)放入模型中,然后置于压榨器上预压 30 min 左

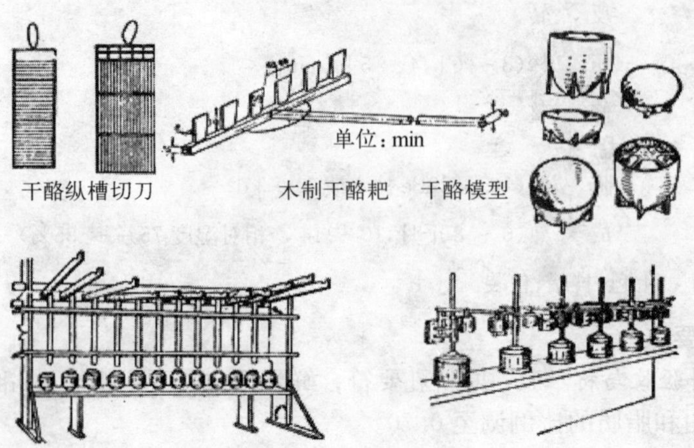

图 16-2　干酪制作用具

右，取下打开包布洗布后重新包好以前次颠倒方向再放入模型内再上架压榨，如此反复 5～8 次，转入最后压榨 3～6 h，压榨结束后进行干酪团的修整。

(9) 盐渍：将干酪团置于饱和盐水内，顶部撒些干盐，盐渍 5～7 d，或于 16～22Be′的盐水内渍 1～3 d，室温 10℃左右，相对湿度 93%～95%，每天翻转一次。

(10) 成熟：盐渍后将干酪团用 90℃热水中洗后干燥，再置于成熟室架上进行成熟，成熟室温度 10～14℃，前期相对湿度 90%～92%，后期 85%左右，成熟时间至少 2～2.5 个月以上，成熟期间每隔 7～8 d 用热水清洗一次防霉。

(11) 上色、挂蜡、包装：成熟好的干酪清洗干燥后，用盐基品红上色，然后挂蜡即为成品，成品在 5℃相对湿度 80%～90%条件下保存。

3. 注意事项

(1) 原料乳的 pH 是影响凝乳酶活性的一个重要因素，一般胃蛋白酶在 pH 5.0以下稳定，pH 6.0 以上受破坏，一般正常乳 pH 为 6.5。因此，凝乳中应加适量稀盐酸(1 mol/L)调节乳的 pH，提高胃蛋白酶活性，加速凝乳过程。

(2) 凝乳时间应控制在 25～40 min，过长或过短均对干酪质量有影响，可通过酶量、凝乳温度控制。

(3) 切块：虽不同品种切块大小不一，但对同一品种的、必须切块大小均匀，否则因排乳清不均，影响干酪的质量。

(4) 切块后搅拌：开始一定要轻轻缓慢进行，否则切块破碎，增加蛋白损失，影响产量，二次加温要缓慢升温，以免影响切块排乳清，进而影响干酪的质量。

(5) 成型预压：过程和包布操作要快而恒温，防止干酪变凉，影响压榨，压榨时要逐渐加压使干酪团内部和表层排乳清均匀，易控制成品的正常含水量等。

16.2.2　农家干酪

(1) 热处理：原料乳在65℃条件下消毒30 min(或72℃、15 s)，迅速冷至发酵温度22℃。

(2) 加入发酵剂、凝乳酶：将乳倾注在干酪容器中，加入活化好的发酵剂并搅拌。购买的粉末状干酪发酵剂必须经活化后才能使用，干酪发酵剂是嗜中温发酵剂，活化温度为22℃，活化后发酵剂的酸度应为0.8%左右。同时加入6滴凝乳酶，边加入边搅拌均匀。

(3) 发酵：22℃，发酵18 h。

(4) 凝乳块切割和搅拌：凝乳块形成后，就可以开始切割。开始顺着容器壁切下去，然后再向凝乳块中间切下去，接着向不同方向切，切割时动作要轻，切割过程在大约10 min内完成，直到0.5～1 cm^3 小凝乳块形成。

(5) 乳清分离：切割后开始小心搅动，同时从干酪槽中去除乳清，直到物料体积变为最小。

(6) 排干乳清：将凝乳块装入干酪布中吊挂起来，直至乳清不再沥出。

(7) 调味：然后将干酪去除，按口味加入各种调味料，可夹入主食面包、烧饼食用。

16.2.3　荷兰圆形干酪

(1) 原料乳的标准化：原料乳按乳脂率为2.5%～3.0%进行标准化。

(2) 原料乳杀菌：将原料乳在干酪槽内进行63～65℃，30 min杀菌处理后，冷却至29～31℃。

(3) 添加发酵剂：向原料乳中添加2%的发酵剂，搅拌后加入0.02%的$CaCl_2$(事先配成10%溶液)。调整酸度至0.18%～0.20%。

(4) 添加凝乳酶：加凝乳酶(用1%的食盐水配成2%的溶液)，搅拌均匀后，恒温静置25～40 min进行凝乳。凝乳酶的添加量应按其效价进行计算，当效价为7万IU时，一般加入原料乳量的0.003%。

(5) 切割及凝块处理：切割后的凝块大小为1.0～1.5 cm。然后用干酪耙搅拌25 min。当凝块达到一定硬度后排出全部乳清量的1/3，再升温搅拌。在25 min内使温度由31℃升至38℃，并在此温度下继续搅拌30 min。当凝块收缩，达到规定硬度时排除全部乳清。

(6) 堆积、成型压榨：将凝块在干酪槽内进行堆积，彻底排除乳清。此时乳清的酸度应为0.13%～0.16%。然后，切成大小适宜的块并装入成型器内，置于压榨机上预压榨约30 min，取下整形后反转压榨，最后进行3～6 h的正式压榨。取下后进行整理。

(7) 盐水浸泡：将干酪放在温度为10～15℃，质量分数为20%～22%的盐水中浸盐2～3 d，每天翻转1次。

(8) 成熟：将浸盐后的干酪擦干放入成熟库中成熟。条件为：温度10～15℃，相对湿度80%～85%。每天进行擦拭和反转，10～15 d后上色挂蜡。最后放入成熟库中进行后期成熟(5～6个月)。

16.2.4 契达干酪

1. 原料乳的预处理

原料乳经验收、净化后进行标准化，使酪蛋白与乳脂肪的比为0.69～0.71。采用巴氏杀菌63～65℃，30 min，冷却至30～32℃，注入事先杀菌处理过的干酪槽内。

2. 发酵剂和凝乳酶的添加

乳温在30～32℃时，添加原料乳量1%～2%的发酵剂。加入发酵剂并搅拌均匀后，加入原料乳量0.01%～0.02%的$CaCl_2$，要徐徐均匀添加。静置发酵30～40 min，酸度达到0.18%～0.20%时，再添加0.002%～0.004%的凝乳酶，搅拌4～5 min后，静置凝乳。

3. 切割、加温搅拌及排除乳清

凝乳酶添加后20～40 min，凝乳充分形成，即可进行切割，一般大小为0.5～0.8 cm；切后乳清酸度一般应为0.11%～0.13%。在温度31℃下搅拌25～30 min，促进乳酸菌发酵产酸和凝块收缩渗出乳清。然后排除1/3量的乳清，开始以每分钟升高1℃的速度加温搅拌。当温度最后升至38～39℃后停止加温，继续搅拌60～80 min。当乳清酸度达到0.20%左右时，排除全部乳清。

4. 凝块的反转堆积

排除乳清后，将干酪粒经10～15 min堆积，以排除多余的乳清，凝结成块，厚度为10～15 cm，此时乳清酸度为0.20%～0.22%。将饼状的凝块切成15 cm×25 cm大小的块，进行反转堆积，视酸度和凝块的状态，在干酪槽的夹层加温，一般为38～40℃。每10～15 min将切块反转叠加1次。一般每次按2枚、4枚的次序反转叠加堆积。在此期间应经常测定排出乳清的酸度，当酸度达到0.5%～0.6%(高酸度法为0.75%～0.85%)时即可。全过程需要2 h左右，该过程比较复杂，现已多采用机械化操作。

5. 破碎与加盐

堆积结束后，将饼状干酪块用破碎机处理成1.5～2.0 cm的碎块。破碎的目的在于加盐均匀。定型操作方便，除去堆积过程中产生的不愉快气味。然后采用干盐撒布法加盐。当乳清酸度为0.8%～0.9%，凝块温度为30～31℃时，按凝块量的2%～3%加入食用精盐粉。一般分2或3次加入，并不断搅拌，以促进乳清排出和凝块的收缩，调整酸的生成。生干酪含水40%，食盐1.5%～1.7%。

6. 压榨成型

将凝块装入专用的定型器中，在27～29℃进行压榨。开始预压榨时压力要小，逐渐加大。用规定压力0.35～0.40 MPa，压榨20～30 min，整形后再压榨10～12 h，最后正式压榨1～2 d。

7. 成熟

成型后的生干酪放在温度10～15℃，相对湿度85%条件下发酵成熟。开始时，每天擦拭反转1次，约经1周后，进行涂布挂蜡或塑袋真空热缩包装。整个成熟期6个月以上。若在4～10℃条件下，成熟期需6～12个月。包装后的契达干酪应储存在冷藏条件下，防止霉菌生长，以延长产品货架期。

16.2.5　软质羊奶干酪

(1) *凝乳*：将巴氏消毒后的全脂羊奶冷却至22℃，加入1%嗜中温乳酪发酵剂，搅拌均匀。在量杯中放入5汤匙凉开水，滴入6滴凝乳酶搅匀。在羊奶中加入稀释好的凝乳酶，搅拌均匀。盖上盖子将羊奶置于22℃下18 h，直到形成凝乳块。

(2) *排除乳清*：用干酪刀将凝乳块切割成1 cm^3 小块，将凝乳块舀入羊奶奶酪模具中。模具满后放到便于排水的地方，让乳清沥出。

(3) *食用*：2 d后由于乳清排出，奶酪下降至2.5 cm高度并形成坚实的块状物。这时奶酪可以现吃，也可以装入塑料袋放入冰箱贮存两周后食用。

(4) *加入调味料的奶酪*：将凝乳块装入模具时，装一层凝乳块，撒一层调味料，最后可得到一些有特殊风味的羊奶奶酪。

16.2.6　融化干酪

将同一种类，或两种以上不同种类的天然干酪，经粉碎，加乳化剂、加热搅拌、充分乳化、浇灌包装而制成的产品，称为融化干酪(processed cheese)，也称加工干酪。

1. 融化干酪的特点

融化干酪具有以下特点：① 可以将不同组织和不同成熟度的干酪适当配合，制成质量一致的产品；② 由于在加工过程中进行加热杀菌，食用安全、卫生，并且具有良好的保存特性；③ 集各种干酪为一体，组织和风味独特；④ 可以添加各种风味物质和营养强化成分，较好地满足消费者的需求和嗜好。

2. 融化干酪的生产工艺

原料选择→原料预处理→切割→粉碎→加水→加乳化剂→加色素→加热融化→浇灌包装→静置冷却→冷却→成熟→成品。

(1) 原料干酪的选择：一般选择发酵成熟的硬质干酪如荷兰干酪，契达干酪和荷兰圆形干酪等。为满足制品的风味及组织，成熟7～8个月风味浓的干酪应占20%～30%。为了保持组织滑润，则成熟2～3个月的干酪占20%～30%，搭配中间成熟度的干酪50%，使平均成熟度在4～5个月之间，含水分35%～38%，可溶性氮0.6%左右，过熟的干酪，由于有氨基酸或乳酸钙结晶析出，不宜做原料。有霉菌污染、气体膨胀、异味等缺陷者也不能使用。

(2) 原料干酪的预处理：原料干酪的预处理室要与正式生产车间分开。预处理是去掉干酪的包装材料削去表皮，清拭表面等。

(3) 切碎与粉碎：用切碎机将原料干酪切成块状，用混合机混合。然后用粉碎机粉碎成4～5 cm的面条状，最后用磨碎机处理。近来，此项操作多在熔融釜中进行。

(4) 熔融、乳化：在熔融釜中加入适量的水，通常为原料干酪质量的5%～10%，成品的含水量为40%～55%，按配料要求加入适量的调味料、色素等，然后加入预处理粉碎后的原料干酪。当温度达到50℃左右，加入1%～3%的乳化剂，如磷酸钠、柠檬酸钠(枸橼酸钠)、偏磷酸钠和酒石酸钠等。这些乳化剂可以单用，也可以混用。最后将温度升至60～70℃，恒温20～30 min，使原料干酪完全融化。如果需要可调整酸度，使成品的pH为5.6～5.8，不得低于5.3。在进行乳化操作时，应加快釜内搅拌器的搅拌速度，使乳化更完全。乳化终了时，应检测水分、pH、风味等，然后抽真空进行脱气。

(5) 充填、包装：经过乳化的干酪应趁热进行充填包装。包装材料多使用玻璃纸或涂塑性蜡玻璃纸、铝箔、偏氯乙烯薄膜等。包装的量、形状和包装材料的选择，应考虑到食用、携带、运输方便。

(6) 储藏：包装后的成品融化干酪，应静置在10℃以下的冷藏库中定型和储藏。

16.3 干酪素加工

16.3.1 实验材料和器具

1 000 mL烧杯或玻璃缸(2 000 mL)1个，玻璃棒1支，纱布2块，100 mL烧杯1个，50 mL烧杯1个，10 mL吸管1支，30～40目尼龙筛1个，电炉1台，浓盐酸1瓶共用，干燥箱共用，小盘1个，脱脂乳2 kg。

16.3.2 盐酸干酪素工艺

脱脂乳加热→点胶(加酸)→酪蛋白凝固→洗涤过滤→脱水→造粒→干燥→粉

碎→分级。

16.3.3　操作方法

(1) 加热：复原的脱脂乳500 mL先置1 000 mL烧杯中于电炉上加热至34～35℃。不可低于33℃或高于36℃，加温过高颗粒形成大不易洗涤，加温低颗粒太软易碎。

(2) 加酸：俗称点胶，目的是使酪蛋白凝胶沉淀，因为酸和酪蛋白钙复合体中的Ca^{2+}结合，使酪蛋白凝集沉淀，点胶用的酸一般先用盐酸(30%～38%)，以8倍水稀释后使用。点胶前先做小样试验，测量一下加酸的百分量为多少可使乳pH达到4.6～4.8，点胶时边加酸边搅拌直到出现细小凝块，pH 4.6～4.8时停止加酸和搅拌，除去乳清，再加酸调pH至4.2。注意加酸量过高会使蛋白变性，过少会使产品中灰分增高。

(3) 洗涤过滤：用同排出乳清体积等量的凉水洗涤两次，洗涤时轻轻搅拌，然后用纱布过滤。

(4) 脱水：用离心机或纱布挤压脱水。

(5) 造粒与干燥：用20～40目筛，将脱水的干酪在筛内搓擦，使之从筛孔落下形成均匀一致的小颗粒，用小盘接吸，摊匀后放入80℃以下的干燥箱内烘干(最佳干燥是55℃，不超过6 h)。

(6) 产品分级：将干酪素分别用30目、60目、90目筛，分出等级。

(7) 干酪素指标：水分≤12%，脂肪≤1.5%，灰分≤2.5%，酸度≤50°T，溶解度≤0.2 mL/g(离心沉降毫升数)。

实验十七　冰淇淋的加工

【目的和要求】 通过实验，掌握冰淇淋的配料、生产工艺以及操作过程，进一步了解冰淇淋的加工原理。

17.1 材料和器具

冰箱、冰淇淋冷藏柜、搅拌机、打浆机、胶体磨、均质机、小型冰淇淋机、加热槽或小奶桶 1 个，搅拌勺一把、温度计 1 支、奶粉 1 袋、砂糖 250 g，海藻酸 50 g，奶油 250 g，淀粉 250 g，天平 1 台，1 000 mL 烧杯 3 个，电炉 1 台，铝锅共用。

17.2 工艺流程及要点

17.2.1 冰淇淋工艺流程

原料混合→溶解→过滤→均质→杀菌→冷却→成熟→加香料→搅拌→硬化→成品。

17.2.2 冰淇淋的配方

如表 17－1。

表 17－1　冰淇淋的配方举例

	原料名称	配合比/%	脂肪/%	总干物质/%
（配方一）	脱脂乳	58.7		5.28
	稀奶油	20.00	8.00	9.08
	脱脂乳粉	5.8		5.62
	蔗糖	15.00		15.00
	稳定剂	0.50		0.50
	总计	100	8.00	35.48
（配方二）	牛乳（F3.5%）	43.72	1.53	5.35
	稀奶油（F43%）	10.10	4.24	4.78
	炼乳	28.00	2.24	7.84
	脱脂奶粉	2.68		0.67
	蔗糖	15.00		15.00
	稳定剂	0.50		0.50
	总计	100	8.01	34.21

17.2.3　操作方法

(1) 配方选定及原料混合：不同种类的冰淇淋其各种成分的百分比要求不一，因此，制作前必须先根据对成分百分比的要求确定配方，再按配方选择混合原料种类并计算其用量，冰淇淋的成分及配方可参考表17-1或其他资料中的配方。

选定配方后，按配方要求进行原料混合处理，首先将稳定剂与砂糖干料混合后加入部分温水溶开，再将炼乳、牛奶、稀奶油等液体原料在另一桶内或加热槽内混合并加热至65～70℃，然后在不断搅拌下加入固体原料和砂糖稳定剂溶液，乳化剂先用水浸泡或先用油脂混合后加入。

鸡蛋可在杀菌前或杀菌后加入，杀菌前加入时，先将鸡蛋打破，搅成均匀的蛋液，在混合料加热至50～60℃时加入，杀菌后加入时即将生蛋液加入混匀即可。

常用的稳定剂有：明胶、果胶、琼脂、海藻酸钠、槐豆胶、角叉藻胶、羧甲基纤维素，常用的乳化剂有：卵黄及甘油脂肪酸酯。

(2) 混合料过滤：原料混合溶解后，再经充分混合搅拌，然后用80～100目筛过滤或用4层纱布过滤。

(3) 均质：防止脂肪上浮，更主要是改善组织状态，缩短成熟时间，无此条件也可以不用均质，只是成熟时间长些。

(4) 杀菌：可用间歇式杀菌即68～70℃，30 min(片式HTST法，80～85℃，20 s；UHT法，125～135℃，2～3 s)。

(5) 冷却与成熟：杀菌后将混合料迅速冷却至2～4℃，并保持4～12 h，使其成熟(老化)，以提高脂肪，蛋白质及稳定剂的水合作用，减少游离水，防止冷冻产生大冰屑。

(6) 加香料：成熟之后加入适量的香兰素。

(7) 冻结搅拌：将成熟好的混合料倒入冰淇淋机内，进行搅拌冻结，如果是软质冰淇淋则在冻结之后便可出产品。

(8) 硬化：搅好的冰淇淋可直接送往冷藏室(-18℃以下)进行硬化，或先包装成各种形状再进行硬化。一般硬化12 h即可为成品。

质量合乎要求的冰淇淋，膨胀率为80%～100%，软硬适中，组织细腻，无水冰屑，口感好。

膨胀率%=[(100 g冰淇淋容积-100 g混合料容积)/
100 g混合料容积]×100%

17.2.4　果仁冰淇淋加工

果仁冰淇淋系用乳与乳制品，加入蛋与蛋制品、甜味剂、稳定剂、乳化剂等混合后，经巴氏灭菌、均质、老化、凝冻时加入果仁碎片冻结制成，且柔软、细腻，有一定的膨胀率、清凉爽口、果仁松韧，风味特殊。果仁是传统的年货小食，南北方均有生产、销售，含有丰富的蛋白质和脂肪，且是优质植物性蛋白和脂肪，含有人体必需的氨基酸和不饱和脂肪酸酯。

原料与配方：各种果仁 10%，全脂奶粉 14.3%，奶油 9%，甜炼乳 9%，白砂糖 7.2%，鸡蛋 4.5%，海藻酸钠 0.36%，单甘酯 0.18%，饮用水 45.46%。

工艺流程：原料→混合（50～60℃）→均质（65～70℃，20 min）→灭菌（75℃，20 min）→冷却（5～8℃，4～6 h）→老化（2～4℃，4～10 h）→（加入经烘烤糖渍碎果仁）凝冻（－3～－2℃）→灌装（检验→软质冰淇淋）→包装→硬化→检验→硬质冰淇淋。

操作要点：

① 果仁处理：果仁采用微波炉烘烤 100℃，2～4 min。采用这种方法，能使制品色泽淡黄、均匀、香气纯正，有浓烈的果仁芳香，焙烤后的果仁轧成片状小块，投入浓糖浆中备用。

② 原料混合均质：先将称好的稳定剂与其 10 倍重量的白砂糖混合均匀后加入溶化好的奶油，然后和准备好的稳定剂、剩余的白砂糖共同混溶，放入均质机或胶体磨，均质压力 15～18 MPa，进行均质或磨匀，使粒子微细化，在 75℃下加热杀菌 20 min，放入老化缸中降温至 5～8℃，搅拌 4～6 h，再降温至 2～4℃老化 6～10 h。

③ 凝冻与果仁混合：充分成熟的混合料在强烈的搅拌下，加入果仁碎片，迅速冷冻成浓稠状，这样可使空气以极微细的气泡均匀分布于全部混合料中，且使果仁片料遍布均匀。此过程可在间歇式凝冻机中进行，温度－3℃～－2℃，经常检查凝冻情况，保持一定的膨胀率，并与灌装速度配合好。

④ 灌装与硬化：凝冻后进行灌装即为软质冰淇淋。灌装后放入－20～－18℃冷藏便成硬质冰淇淋。冰淇淋在冷贮过程中要保持温度的恒定，温差不能波动太大，贮存时间一般为 3～6 个月。

实验十八　蛋与蛋制品的检验

【目的和要求】　本实验包含了蛋与蛋制品的基本检验方法，包括蛋的新鲜度检验、物理性质检验、挥发性盐基氮的测定以及蛋粉中脂肪物质的测定等。通过实验，要求掌握鲜蛋的检验和鉴别方法，深入理解实验原理和操作步骤。

18.1　蛋的新鲜度检验

18.1.1　实验材料和器具

照蛋器，蛋盘，气室测定标尺，蛋液杯，精密游标卡尺，普通游标卡尺，哈夫单位测量仪，打蛋台，天平，相对密度为 1.080、1.073 和 1.060 的三种食盐溶液。

18.1.2　鉴定方法

1. 外观鉴别法

用肉眼观察蛋的形状、大小、清洁度和蛋壳表面状态及完整性。

新鲜蛋：蛋壳完整、清洁，蛋型正常，无凸凹不平现象。蛋壳颜色正常，壳面覆有霜状粉层(外蛋壳膜)。

陈蛋或变质蛋：壳面污脏，有暗色斑点，外蛋壳膜脱落变为光滑，而且呈暗灰色或青白色。

2. 比重鉴定法

鸡蛋的比重平均为 1.084 5，蛋在存放或贮藏过程中，蛋的水分不断地蒸发。水分蒸发的程度与贮藏(或存放)的温度、湿度以及贮藏的时间有关。因此，测定蛋的比重可推知蛋的新鲜度。

方法：将蛋放于比重 1.080 的食盐溶液中，下沉者认为比重大于 1.080，评定新鲜蛋。将上浮蛋再放于比重 1.073 食盐溶液中，下沉者为普通蛋。将上浮蛋移入比重 1.060 食盐溶液中，上浮者为过陈蛋或腐败蛋，下沉者为合格蛋。但往往霉蛋也会具有新鲜蛋的比重。因此，比重法应配合其他方法使用。

3. 灯光照检法

利用蛋有透光性的特点来照检蛋内容物的特征，由于不同质量的蛋在灯光的透视下有不同的特征表现，据此评定蛋的质量。

方法：用照蛋器观察蛋内容物的颜色、透光性能、气室大小、蛋黄位置等，看有无黑斑或黑块以及蛋壳是否完整。

不同品质蛋的光照特征：

新鲜蛋：蛋内呈均匀的浅红色。不能或微能看到蛋黄暗影，气室很小而不移动，蛋内无任何异点或异块。

热伤蛋：蛋白稀薄，蛋黄有火红感，在胚盘附近更明显，气室大。

靠黄蛋：蛋白透光程度较差，呈淡暗红色。转动时可见到一个暗红色影子始终上浮靠近蛋壳。气室较大。

贴壳蛋：蛋黄贴在蛋壳上，是靠黄蛋进一步发展的结果，蛋白稀薄，透光较差。蛋内呈暗红色，转动时有一不动的暗影贴在蛋壳上。但有时稍转动蛋后暗影（蛋黄）则与蛋壳离开而上浮，此为轻度贴壳蛋，否则为重度贴壳蛋。

散黄蛋：气室大小不一，如果属细菌散黄则气室大。散黄原因属机械振动，则气室小。散黄蛋光照时内容物呈云雾状，透光性较差。

霉蛋：某部有不透光的黑点或黑斑，蛋白稀浓情况不一，气室大小不一。蛋黄有的完整，有的破裂。

孵化蛋：蛋内呈暗红色，有黑色移动影子，影子大小决定于孵化天数。有血丝呈网状。

4. 气室大小的测定

蛋在存放过程中，由于蛋内水分的蒸发，气室随着而增大。故测定气室的大小是判断蛋新鲜度的指标之一。

方法：表示蛋气室大小的方法有两种；即气室的高度和气室的底部直径大小。气室的高度用测定规尺测量。将蛋的大头向上置于规尺半圆形切口内，读出气室两端各落在规尺刻度线上的刻度数，然后按下式计算：

$$H=(H_1+H_2)/2$$

式中，H——气室高度，mm；

H_1——气室左边的高度，mm；

H_2——气室右边的高度，mm。

另一种方法是用游标卡尺量气室底的直径，评定标准：

最新鲜蛋：气室高度在 3 mm 以下；

新鲜蛋：气室高度在 5 mm 以内；

普通蛋：气室高度在 10 mm 以内；

可食蛋：气室高度在 10 mm 以上。

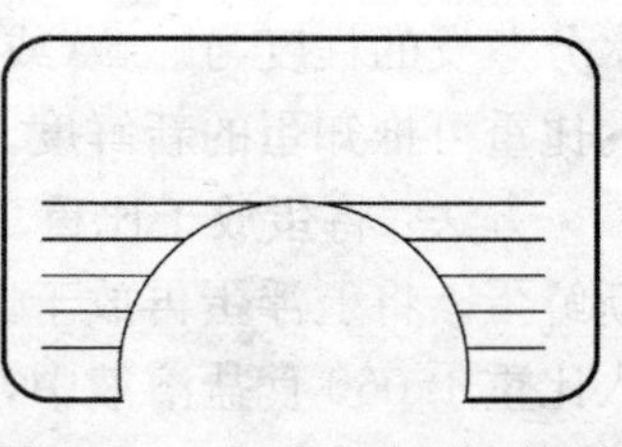

图 18-1　气室高度测量标尺

5. 蛋内容物的感官鉴定

蛋内容物的感官鉴定是加工蛋制品时必需的步骤。

方法：将蛋用适当的力量于打蛋刀上轻敲一下，注意不要把蛋黄膜碰破。切口应在蛋的中间，使打开后的蛋壳约为两等分。倒出蛋液于水平面位置的打蛋台玻璃板上进行观察。

不同品质蛋液的特征：

新鲜蛋：蛋白浓厚而包围在蛋黄的周围，稀蛋白极少。蛋黄高高凸起，系带坚固而有弹性。

胚胎发育蛋：蛋白稀，胚盘比原来的增大。蛋黄膜松弛，蛋黄扁平。系带细而无弹性。

靠黄蛋：蛋白较稀，系带很细，蛋黄扁平，无异味。

贴壳蛋：蛋白稀，系带很细，轻度贴壳时，打开蛋后蛋黄扁平，但很快蛋黄膜自行破裂而散黄。重度贴壳时，蛋黄则破裂而成散蛋黄。无异味。

散黄蛋：蛋白和蛋黄混合，浓蛋白极少或没有。轻度散黄者无异味。

霉蛋：除了蛋内有黑点或黑斑外，蛋内容物有的无变化，具备新鲜蛋的特征。有的则稀蛋白多，蛋黄扁平，无异味。

老黑蛋：打开后有臭味。

异物蛋：打开后具备新鲜蛋的特征，但有异物如血块、肉块、虫子之类的东西者。

异味蛋：打开后具备新鲜蛋的特征，但有蒜味、葱味、酒味以及其他植物味。

孵化蛋：打开后看到有发育不全的胚儿及血丝。

6. 蛋黄指数的测定

蛋黄指数是表示蛋黄形态变化的一个参数。蛋越陈，蛋黄指数越小。新鲜蛋，蛋黄指数为 0.4～0.44。蛋黄指数达 0.25 时，打开即成散蛋黄。

蛋黄指数＝蛋黄高度/蛋黄宽度

方法：将蛋打开倒于打蛋台的玻璃板上，用高度游标卡尺和普通游标卡尺分别量蛋黄高度和宽度。以卡尺刚接触蛋黄膜为松紧适度。

评定标准：

新鲜蛋：蛋黄指数为 0.4 以上；

普通蛋：蛋黄指数为 0.35～0.4；

合格蛋：蛋黄指数为 0.3～0.35。

7. 蛋白哈夫单位的测定

蛋白的哈夫单位，实际上是反映蛋白存在的状况。过去多采用测蛋白黏度，但误差太大。新鲜蛋浓蛋白多而厚，反之，浓蛋白少而稀。

方法：称蛋重(精确到 0.1 g)，然后用适当力量在蛋的中间部打开，将内容物倒在已调节在水平位置的玻璃板上，选距蛋黄 1 cm 处，浓蛋白最宽部分的高度作为测定点。用高度游标卡尺慢慢落下，当标尺下端与浓蛋白表面接触时，立即停止移动调测尺，读出卡尺标示之刻度数。

根据蛋白高度与蛋重，按下列公式计算蛋白的哈夫单位(Haugh unit)。

$$Hu = 100\log(H - 1.7W^{0.37} + 7.6)$$

式中，Hu——哈夫单位；

H——蛋白高度，mm；

W——蛋的重量，g；

100、1.7、7.6——换算系数。

评定：

优质蛋：哈夫单位为 72 以上；

中等蛋：哈夫单位为 60～70；

次质蛋：哈夫单位为 31～60。

图 18-2　哈夫单位测量仪

为了方便，也可根据实测蛋白高度和蛋重，查表求得哈夫单位。

18.1.3　蛋的物理性质检验

1. 材料和用具

各种禽蛋、天平、游标卡尺、蛋压力测定器、蛋壳厚度测定仪、显微镜、乙醚或酒精、脱脂棉、美兰或高锰酸钾、浓盐酸、镊子、剪刀、2%复红与 2%橘黄 G 的混合液、滤纸、载玻片、平皿、烧杯、酒精灯、小刀、蛋黄蛋白分离器或窗纱等。

2. 检验指标和方法

(1) 蛋的重量：蛋的大小对消费者购买欲望影响很大，而且加工蛋制品时要求蛋的大小一致。因此，蛋的大小是很重要的物理指标，蛋的大小一般用重量表示。

取不同大小的蛋感官估重，然后用天平称重。如此分批反复练习，以达估重基本准确。

(2) 蛋的形状测定：蛋的形状用蛋形指数表示。蛋形指数即蛋的纵径与蛋的横径之比。正常蛋为椭圆形，其中鸡蛋的指数多为 1.30～1.35。由于圆形的蛋比筒形的蛋耐压性强，故包装运输时最好剔除筒形的畸形蛋，以免运输过程中破壳。

取蛋数枚，逐个用游标卡尺量出蛋的最长和蛋的最宽处，用下式进行计算。

$$\text{蛋形指数} = \frac{\text{蛋长径}}{\text{蛋短径}}$$

蛋形指数小于 1.30 者为球形，大于 1.35 者为长形。比较鸡、鸭和鹅的蛋形指数。

(3) 蛋的耐压度测定：蛋的耐压性即蛋最大限度能接受的压力，蛋的耐压性在蛋的包装和运输中有重要的意义，蛋的长轴耐压性比短轴强，筒形蛋耐压性最小。具体操作方法如下：

① 扭松螺旋，将蛋大头向上放置，并扭紧螺旋至适当的紧度。

② 将“操作器”打开(即由右扭向左侧移动)。

③ 按“开动按钮”,计算器则转动,当达到能接受的最大力时,计算器上的指针就自动停止移动。观察红针所指示的数,即为该蛋的最大耐压力,单位为 MPa。一般耐压为 0.32～0.4 MPa。

④ 将“操作器”恢复原状(即自左向右移动)。取出蛋,并扭动计算器上的调节器,使红针恢复至“0”。

(4) 蛋壳厚度:用蛋壳厚度测定仪或游标卡尺测定。取蛋壳的不同部位,分别测定其厚度,然后求出平均厚度。也可只取中间部位的蛋壳,除去壳内膜后测出厚度,以此厚度代表该类蛋的蛋壳厚度。

(5) 蛋壳结构观察

① 气孔及其数量,取蛋壳一块,剥下蛋壳膜,用滤纸吸干蛋壳,再用乙醚或酒精除去油脂,然后在蛋壳内面滴上美兰或高锰酸钾溶液,约经 15～20 min,蛋壳表面即显出许多蓝点或紫红点,用低倍显微镜观察并计数 1 cm^2 的气孔数。

② 蛋壳结构:取蛋壳一小块,放入 50 mL 的烧杯中,加 2 mL 浓盐酸,就可观察到碳酸钙被溶解,二氧化碳产生,最后只剩下一层有机膜。

(6) 壳内膜与蛋白膜的结构:在气室处用镊子小心取下壳内膜和蛋白膜,于水中展开成薄膜,分别铺在载玻片上,再用 2%复红或 2%橘黄 G 按 1∶1 混合液滴在膜上染色 10 min,然后用水冲去染色液,用滤纸吸去水分,并在酒精灯上稍烘一下,即可在高倍显微镜下观察,将观察结果用显微镜拍照。

(7) 蛋内容物的观察

① 蛋白结构:将蛋打开,将内容物小心倒入培养皿中,观察稀薄蛋白和浓厚蛋白,再用剪刀剪穿蛋白层,内稀蛋白就可从剪口处流出,同时观察系带的状况。

② 蛋黄结构:用蛋白蛋黄分离器或窗纱将蛋白和蛋黄分开,观察蛋黄膜,蛋黄上的胚盘状况,为观察蛋黄的层次和蛋黄心,可将蛋煮熟,用快刀沿长轴切开,可看到黄白相间的蛋黄层次和位于中心呈白色的蛋黄心。

(8) 禽蛋的组成:在蛋内容物观察时,分别将蛋壳、蛋白和蛋黄称重,并计算其所占全蛋重量的百分率。

18.1.4　蛋中挥发性盐基氮的测定

1. 半微量蒸馏法

(1) 原理:蛋中蛋白质分解后产生碱性含氮物质,如氨、伯胺、仲胺等。此类物质具有挥发性,在弱碱性溶液中加热蒸馏可随水蒸气蒸出,用硼酸吸收后,再用盐酸滴定,即可计算出样品中总挥发性盐基氮的含量。

(2) 试剂与仪器

无氨蒸馏水:加硫酸呈酸性的蒸馏水再行蒸馏或用离子交换纯水器制备。

1%氧化镁混悬液，2%硼酸溶液，0.01 mol/L 盐酸标准溶液。甲基红-次甲基蓝混合指示剂：0.1%次甲基蓝水溶液与 0.2%甲基红酒精溶液，临用前等量混合。

半微量凯氏定氮器，微量滴定管，研钵，三角烧瓶，烧杯和漏斗。

(3) 实验方法

① 将被检鲜蛋蛋液充分搅拌，使之混匀，取其 10 g，用 10 倍无氨蒸馏水浸抽 30 min，并不断振摇，然后用折叠的滤纸过滤。

② 另将盛有 10 mL 的 2%硼酸溶液并加有 5～6 滴混合指示剂的接收瓶置于半微量测氮蒸馏器的冷凝管下，使冷凝管下端没入液面。

③ 取样品滤液 2 mL 加蒸馏水，以防漏气，通入蒸汽进行蒸馏，待蒸汽充满蒸馏器时即关闭蒸汽出口管，由凝管出现第一滴凝结水开始计算时间，蒸馏 15 min。

④ 移动接收瓶，使硼酸液面离开冷凝管约 1 cm，并用少量无氨蒸馏水洗涤冷凝管外面，继续蒸馏 30 s。

⑤ 取出接收瓶，置于微量滴定管下，用 0.01 mol/L 盐酸溶液将瓶内液体滴定至呈蓝紫色即达终点。

⑥ 蒸馏完毕后，将漏斗内水倒满，提起玻璃塞使水流入反应室，并将能进蒸汽的管道关闭以断绝气源，反应室内残液自动吸出，如此反复冲洗三次后，将蒸馏底部残液放出。

⑦ 最后用无氨蒸馏水 2 mL 代替样品滤液，加入蒸馏器的反应室内如上操作，做空白对照试验。

⑧ 计算

$$X = \frac{(V_1 - V_2) \times N \times 14}{W \times 2/100} \times 100$$

式中，X——100 g 样品中总挥发性盐基氮含量的毫克数；

V_1——样品滴定中消耗的盐酸溶液的毫升数；

V_2——空白滴定中消耗的盐酸溶液的毫升数；

N——盐酸溶液的规定浓度，mol/L；

14——1 mL 的 0.01 mol/L 盐酸溶液相当于氮的毫升数；

W——样品的克数。

(4) 注意事项

① 样品测定时，应做平行试验。

② 蒸馏时，中途不可断火，否则反应室外层压力降低，反应室内液体容易倒吸，导致试验报废。

③ 反应室内如有碱性附着物不易洗涤除去时，可加入稀酸洗涤，或直接将气通入反应室内冲洗。

2. 微量扩散法

(1) 原理：在康威氏扩散皿的外室放入样品提取液，用碱液驱出其中的氮，在扩散皿的密闭空间中，逐渐被内室中的硼酸所吸出，然后用已知浓度的酸液滴定，由滴定消耗的酸液量，即可计算出样品中总挥发性盐基氮量。

(2) 试剂与仪器：饱和碳酸钾溶液，水溶性胶(10 g 阿拉伯胶，加入 15 mL 水中，再加 5 mL 甘油及 5 g 无水碳酸钾研匀即可)，吸收液，指示剂，0.01 N 盐酸标准溶液。

康威氏扩散皿。

(3) 实验方法

① 将水溶性胶涂于康威氏皿的边缘，在皿中央内室加入吸收液 1 mL 并加指示剂 1 滴，在皿外室一侧加入胺半微量法制得的蛋样滤液 1 mL，另一侧加入饱和碳酸钾溶液 1 mL，注意勿使两液接触。

② 盖上皿盖，封严后，用手将皿提起轻轻转动，使样品液与碱液混合，然后置于 37℃温箱内 2 h 取出。揭去皿盖，置皿于微量滴定管下，用 0.01 N 盐酸将内室液体滴定至呈蓝紫色终点，最后用无氨蒸馏水 1 mL 代替样品滤液，加到外室内，如上操作，作为空白试验。

③ 计算

$$X = \frac{(V_1 - V_2) \times N \times 14}{W \times 1/100} \times 100$$

式中，X——100 g 样品中总挥发性盐基氮含量的毫克数；

V_1——样品滴定中消耗的盐酸溶液的毫升数；

V_2——空白滴定中消耗的盐酸溶液的毫升数；

N——盐酸溶液的规定浓度，mol/L；

14——1 mL 0.01 mol/L 盐酸溶液相当于氮的毫升数；

W——样品的克数。

(4) 注意事项

① 样品应做平行试验。

② 滴定至接近终点时，要控制微量滴定速度，以免过量。

③ 康威氏皿要求清洁，内室加入吸收液后，指示剂不变色，否则影响滴定结果。

18.1.5　蛋中脂肪及游离脂肪酸的测定

(1) 原理：三氯甲烷将蛋中的脂肪浸出，用 0.05 mol/L 乙醇钠溶液滴定其脂肪酸度，再干燥后即得脂肪重量。脂肪酸度的滴定是属于非水滴定。因此，必须用乙醇钠溶液进行，所用的乙醇钠溶液最好用金属钠溶于乙醇液为佳。用氢氧化钠制成的乙醇钠液，由于氢氧化钠中往往由于成分不纯而含有硫酸钠，此物虽不溶于水，但影响测定结果的准确性。

(2) 试剂：0.05 N HCl 标准液，1%酚酞酒精液，无水硫酸钠，纯苯，三氯甲烷，0.05 mol/L 乙醇钠溶液：取有金属光泽的纯金属钠 1 g，放于 80 mL 无水乙醇中，待完全溶解后振摇均匀放置过滤，将滤液倾入棕色细口瓶中，用 0.05 mol/L 标准盐酸进行标定。标定方法：取 0.05 mol/L 标准盐酸液 10 mL 放入 100 mL 三角瓶中，加入 1%酚酞酒精指示剂 3 滴，用乙醇钠液进行滴定至呈现不褪色的红色为止。

$$N = \frac{V_1 \times N_1}{V_2} \times 100$$

式中，N——乙醇钠的浓度，mol/L；

V_1——盐酸标准液的毫升数；

N_1——盐酸标准溶液的规定浓度；

V_2——滴定用乙醇钠的毫升数。

(3) 实验方法

① 脂肪抽提管的准备：取直径为 2 cm 长约 7 cm 的玻璃管一支，将管的一端用一小块滤纸包住并扎好。

② 样品处理：将蛋打开倒入烧杯中，用匙刮净壳内蛋液。然后搅拌均匀后取样。精确取样品 1～2 mL 于 50 mL 烧杯中，加无水硫酸钠 10 g，边加边搅拌至拌匀拌干为止。然后小心移入脂肪抽提管中，并用少量棉花拭尽杯内及玻璃上之样品，一并移入管内，并轻轻将棉花推入至与样品接触为止。

③ 用三氯甲烷浸出脂肪：在脂肪浸提管上套上胶环，然后放于脂肪瓶，取三氯甲烷 30～40 mL，分 5～6 次注入。每次注入时需待上次过滤尽后进行，直到滤液为无色透明液为止。

④ 脂肪称重：把脂肪瓶于水浴锅上，接以冷凝器加热回收三氯甲烷，直到溶液呈胶样为止，停止加热，然后将脂肪瓶放在 70～75℃的干燥箱中干燥约需 2 h，取出脂肪瓶于干燥室冷却称重，然后再烘干称重，至恒重为止。

⑤ 脂肪含量计算

$$\text{脂肪}(\%) = (G/W) \times 100\%$$

式中，G——浸出物重量，g；

W——试样重量，g。

⑥ 游离脂肪酸检验

1）中性苯溶解

由冷浸法测定脂肪含量时，所得干燥浸出物，以 20 mL 中性纯苯溶解，加 1%酚酞指示剂 3～4 滴。

2）滴定

用 0.05 N 乙醇钠溶液滴定，待溶液出现橘红色即为终点，记录滴定所用乙醇钠的毫升数，以油酸计算游离脂肪酸百分率。滴定做平行试验，两值间之差不超过 0.3%，取平均值。

3）脂肪酸含量计算

$$\text{游离脂肪酸}\ \% = \frac{V \times N \times 0.282}{G} \times 100\%$$

式中，V——滴定用乙醇钠毫升数；

N——所用乙醇钠溶液浓度；

G——滴定脂肪含量所得浸出物的干燥重量。

实验十九　松花蛋、咸蛋与糟蛋的加工

【目的和要求】 学习掌握松花蛋、咸蛋和糟蛋的加工原理和工艺，进一步理解其产品特点和工艺要求。

19.1　松花蛋加工

19.1.1　简介

松花蛋又称皮蛋、变蛋、碱蛋、彩蛋和泥蛋等，是我国独创的一类生食蛋品，有着悠久的生产历史。松花蛋食法简单，美味可口，风味独特，营养丰富，每 100 g 可食松花蛋中，氨基酸总量高达 32 毫克，为鲜鸭蛋的 11 倍，而且氨基酸种类多达 20 种。

19.1.2　原辅材料及用具

1. 材料和用具

鲜鸭蛋或鲜鸡蛋、生石灰、纯碱、茶叶、红茶末、食盐、硫酸铜、硫酸锌、酚酞、盐酸、烧碱、氯化钡、液体石蜡、固体石蜡、黄土、稻壳、植物灰、天平、酸式滴定管、滴定架、三角烧瓶、量筒、胶手套、刮泥刀、陶缸、台秤或杆称、照蛋器等。

2. 原料蛋的选择

加工松花蛋的原料蛋须经照蛋和敲蛋逐个严格的挑选。加工松花蛋的主要原料是鲜鸭蛋，有些地区也用鲜鸡蛋。为保证松花蛋的质量，加工前必须通过照光和敲验，对鲜蛋进行逐个检验和挑选，剔除破损蛋、裂纹蛋、散黄蛋、热伤蛋、贴皮蛋等各种次劣蛋，选择新鲜、干净、无水湿、无粪污的质量合格蛋。还要按蛋重或大小进行分级，以便按级进行投料加工，保证其成熟期一致。

(1) 照蛋：加工松花蛋的原料蛋用灯光透视时，气室要小，整个蛋内容物呈均匀一致的微红色，蛋黄不见或略见暗影，胚珠无发育现象。转动蛋时，可略见蛋黄也随之转动。次蛋，如破损蛋、热伤蛋等均不宜加工松花蛋。

(2) 敲蛋：经过照蛋挑选出来的合格鲜蛋，还需检查蛋壳完整与否，厚薄程度以及结构有无异常。裂纹蛋、钢壳蛋、沙壳蛋、油壳蛋都不能作松花蛋加工的原料。此外，敲蛋时，还根据蛋的大小进行分级。

3. 辅料的选择

(1) 纯碱：其化学名为无水碳酸钠(Na_2CO_3)，商品名为大苏打、食碱、碱粉等，是加工松花蛋的主要辅料之一。要求其色白、粉细、碳酸钠含量在96%以上。因其用量直接影响松花蛋的质量，所以配料时一定要知道纯碱中碳酸钠的含量。对含量过低、颜色发黄的所谓“老碱”不应使用，含水量高的也要经过处理后使用。

(2) 生石灰：其化学名为氧化钙(CaO)，俗称石灰，应选用块大、体轻、纯度高、加水后发泡多，并能迅速溶化的优质生石灰，其有效钙含量不得低于70%。因生石灰易吸潮，一般应随用随购，用不完的应存放在干燥清洁的仓库内密封储藏。

(3) 烧碱：其化学名为氢氧化钠(NaOH)，又称苛性钠、火碱等，为白色固体，有条棒、颗粒等形状。工业用烧碱为大块状，因其腐蚀性强，多以铁桶包装。氢氧化钠含量只有40%～50%的称为液体烧碱。

烧碱是重要的化工原料，也是加工松花蛋的辅料。它不仅能代替纯碱和石灰的作用，而且可避免纯碱和石灰料液产生大量碳酸钙沉淀的缺陷，同时给工艺带来了方便，降低了成本。因此，使用烧碱加工松花蛋的厂家越来越多。但在使用时要特别小心，防止其对人体皮肤和衣服的腐蚀。

(4) 食盐：其化学名为氯化钠(NaCl)，能改善松花蛋的风味，减弱其辛辣味，加快蛋的化清(盐析作用)，促进蛋黄形成溏心，并能抑制有害微生物的活动和繁殖。但食盐用量不可过多，过多时蛋白的凝固力差，蛋黄发硬。食盐在溶液中的浓度一般为3%～4%，所用食盐的氯化钠含量应在96%以上，一般多采用海盐和井盐。

(5) 氧化铅、硫酸铜或硫酸锌：氧化铅(PbO)俗称黄丹粉、金生粉、密陀僧等，是黄色的粉末，质量好的是淡黄色的细粉，质量差的含杂质较多，是红黄色的粉末，颜色上有明显的差异。其主要作用：一是调节碱液渗入蛋内的速度；二是使松花蛋的蛋白具特有的青黑色；三是使蛋白凝固后保持有一定的硬度，以便于剥壳。但铅的含量如过高，长期食用会在人体内积累，造成慢性中毒，必须尽量降低其用量。可选用食品级的硫酸铜或硫酸锌代替氧化铅。

(6) 草木灰、稻壳或黄土：草木灰包括桑树灰、桐壳灰、豆秆灰、棉壳灰等。主要含有碳酸钠和碳酸钾等成分，是加工湖彩蛋不可缺少的辅料，也起着辅助蛋白凝固的作用。使用前要过筛，除去杂质。黄土取深层、无异味的。取后晒干、敲碎过筛备用。稻壳要求金黄干净，无霉变。

(7) 茶叶或松柏枝：选用新鲜红茶或茶末为佳，松柏枝含有特殊气味的树脂和芳香物质，有助于改善松花蛋的风味。

(8) 包泥：为了保持松花蛋的质量，防止破损，利于远销，腌制的成品出缸后，须包上含有汤料的黄泥，表面再滚上一层稻壳以防止粘连。黄泥要求质匀、干燥、无异味，谷壳要求色佳、不霉，配料须用干净的凉开水调匀。

19.1.3 浸泡法加工皮蛋

1. 工艺流程

选配料→熬料(冲料)→原料蛋选择→照蛋→敲蛋→分级→装缸→灌料泡蛋→质检→出缸→洗晾蛋→质检分级→包蛋→成品。

2. 配料

鸭蛋 800 枚,重约 60 kg,水 50 kg,纯碱(碳酸钠)3.3 kg,生石灰 14 kg,氧化铅(黄丹粉)150 g,食盐 2 kg,红茶末 1 kg,柏树枝 250 g。

配料标准随地区和季节的不同而有所差异,主要是生石灰和纯碱的用量有所不同。由于夏季的鸭蛋不及春、秋季的质量高,蛋下缸后不久,蛋黄就会上浮、变质,所以生石灰和纯碱的用量要适当加大,从而加速皮蛋的成熟。

先将碱、盐放入缸内,将熬好的茶汁倒入缸内,搅拌均匀,再分批投入生石灰,及时搅拌,使其反应完全。待料液温度降至 50℃左右将黄丹粉或硫酸铜(锌)化水倒入缸内,捞出不溶石灰块并补加等量石灰,冷却后备用。

3. 熬料或冲料

配料方法有熬料和冲料两种。熬料法又分为两种,一种是先把纯碱、食盐、茶叶、松柏枝、清水倒入锅内,加热煮沸,然后倒入盛有黄丹粉和石灰的缸内,搅拌均匀,冷却后待用;另一种方法是把茶叶熬成茶汁后,把茶叶捞出,再将纯碱、食盐、黄丹粉同时放入搅匀,然后冲入放有石灰、草木灰的容器中,待其作用完成后,搅拌均匀,并将石灰渣和不溶化的石块捞出,冷却后待用。

冲料法是先把纯碱、茶叶放在缸底,后将定量的开水倒入缸内,随即放入黄丹粉,经搅拌溶解后,再投放石灰,最后加入食盐,搅拌均匀,使之充分作用,冷却后待用。

无论熬料还是冲料,各种原料都要接配料标准预先准确称量,配制好的料液或汤料都必须保持清洁,不准再掺入生水。

4. 料液碱度的检验

料液中的氢氧化钠含量要求达到 4%～5%,若浓度过高应加水稀释,若浓度过低应加烧碱提高料液的 NaOH 浓度。用刻度吸管吸取澄清料液 4 mL,注入 250 mL 的三角瓶中;加水 100 mL,加 10%氯化钡溶液 10 mL 摇匀,静置片刻;加 0.5%酚酞指示剂 3 滴,用 1 mol/L 盐酸标准溶液滴定至粉红色恰好消退为止。消耗 1 mol/L 盐酸标准溶液的毫升数即相当于氢氧化钠的百分含量。

5. 装缸、灌料泡制

将检验合格的蛋装入缸内,用竹篦盖住,将检验合格冷却的料液在不停地搅拌下徐徐倒入缸内,使蛋全部浸泡在料液中。灌料后,室温要保持 20～25℃,最低不能低于 15℃,最高不能超过 30℃。

6. 成熟

灌料后要保持室温在16～28℃，最适温度为20～25℃。浸泡时间为25～40天。

灌料后即进入腌制过程，腌制开始至皮蛋成熟，这一阶段的技术管理工作同成品质量的关系颇为密切。首先是严格掌握室内和缸内温度，一般控制在20～24℃之间。灌料数天后(春秋季10～13 d，夏季6～7 d，冬季8～10 d)，室内温度可提高到25～27℃，以便加速料液向蛋内渗透，促进成熟。待浸渍15 d左右，温度可稍降低，以减缓料液进入蛋内，使变化过程缓和。其次是勤观察，勤检查。必须有专人负责，每天检查蛋的变化、温度高低、汤料多少等，并随时记录，以便能发现问题及时解决。在此期间要进行3～4次检查。

第一次检查时间为鲜蛋下缸后第7天。用灯光透视时，蛋黄贴蛋壳一边，类似鲜蛋的红搭壳、黑搭壳，蛋白呈阴暗状，说明凝固良好。剥开，可见蛋已凝固，但颜色未变。如还像鲜蛋一样，说明料性太淡，要及时补料。如整个蛋大部分发黑，说明料性过浓，必须提早出缸。

第二次检查时间为鲜蛋下缸后第15天左右，可以剥壳检查，此时蛋白已经凝固，蛋白表面光洁，褐中带青，全部上色，蛋黄已变成褐绿色。

第三次检查时间为鲜蛋下缸后第20天左右剥壳检查，蛋白凝固很光洁，不粘壳，呈墨绿色和棕褐色，蛋黄呈绿褐色，蛋黄中线呈淡黄色溏心。此时如发现蛋白烂头和粘壳现象，说明料液太浓，必须提早出缸。如发现蛋白软化，不坚实，表示料性较弱，宜推迟出缸时间。溏心皮蛋成熟时间一般为21～25 d，气温高，时间短些，气温低则时间稍长，经检查已成熟的皮蛋可以出缸。

7. 出缸

蛋白凝固硬实有弹性，色泽为茶红色，蛋黄约有1/3～1/2凝固，溏心颜色不再有鲜蛋的黄色时即可出缸。

出缸后将皮蛋用清水洗净晾干(应避光)，剔除破、次、劣质皮蛋，然后用残料拌和新鲜的泥土调成料泥，包裹在蛋上，然后再裹上一层谷壳，放入纸箱或竹筐中，室温下贮藏。也可用涂膜剂涂膜，装入纸箱或用小盒包装好在室温下避光贮藏。保存期间要注意不使料泥干裂，甚至脱落，否则会引起皮蛋变质。

剔除破、次、劣质皮蛋的方法：

(1) 观：即观察皮蛋的壳色和完整程度，剔除蛋壳黑斑过多和裂纹蛋。

(2) 颠：即将皮蛋放在手中抛颠起数次，好蛋有轻微弹性，反之则无。

(3) 摇晃：即用手摇法，用拇指、中指捏住皮蛋的两端，在耳边上下摇动，若听不出声响则说明是好蛋，若听到内部有水流的上下撞击声，即为水响蛋，若听到只有一端发出水荡声则说明是烂头蛋。

(4) 弹：用手指轻弹皮蛋两端，若发出柔软的“特”、“特”的声音则为好蛋，若发出比较生硬的“得”、“得”声即为劣蛋(包括水响蛋、烂头蛋等)。

(5) 透视：用灯光透视，如照出皮蛋大部分呈黑色(墨绿色)，蛋的小头呈棕色，而且稳定不动者，即为好蛋。如蛋内有水泡阴影来回转动，即为水响蛋。如蛋内全部呈黄褐色，并有轻微移动现象，即为未成熟的皮蛋。如蛋的小头蛋白过红，即为碱伤蛋。

(6) 品尝：随机抽取样品皮蛋剥壳检验，先观察外形、色泽、硬度等情况。再用到纵向剖开，观察其内部的蛋黄、蛋白的色泽、状态。最后用鼻嗅、嘴尝，评定其气味、口味。了解皮蛋的质量，总结加工经验。出缸前取数枚变蛋，用手颠抛，变蛋回到手心时有震动感。用灯光透视蛋内呈灰黑色。剥壳检查蛋白凝固光滑，不粘壳，呈墨绿色，蛋黄中央呈糖心即可出缸。

8. 包装

变蛋的包装有传统的涂泥包糠法和现在的涂膜包装法。

(1) 涂泥包糠：用残料液加黄土调成浆糊状。包泥后使变蛋全部被泥糠包埋，放在缸里或塑料袋内密封贮存。

(2) 涂膜包装：用液体石蜡或固体石蜡等作涂膜剂，喷涂在变蛋上(固体石蜡需先加热熔化后喷涂或涂刷)，待晾干后，再封装在塑料袋内贮存。

19.1.4 包泥法加工皮蛋

1. 工艺流程

配料→制料→起料→冷却→验收→照蛋→靠蛋→分级→包料滚糠→装缸→成熟→质检→出缸→选蛋

2. 料泥的配制

蛋 10 kg，纯碱 0.6 kg，生石灰 1.5 kg，草木灰 1.5 kg，食盐 0.2 kg，茶叶0.2 kg，氧化铅 12 g，黄干土 3 kg，水 4 kg。

配制时先将茶叶泡开，再将生石灰投入茶汁内化开，捞除石灰渣，并补足生石灰，然后加入纯碱、食盐，搅拌均匀，最后加入植物灰或黄土，充分搅拌。待料泥起黏无块后，倒在水泥地上冷却。第二天将冷却成硬块的料泥全部放入石臼或木桶内用木棒反复锤打，边打边翻，直至捣成糍糊状为止。

3. 料泥的简易测定

取料泥一小块放于平皿上，表面抹平，再取蛋白少许滴在料泥上，10 min 若蛋白凝固并有粒状或片状带黏性的感觉，说明料泥正常，可以使用。若不凝固则料泥碱性不足。如有粉末感觉，说明料泥碱性过大。

4. 包料滚糠

一般料泥用量为蛋重的 65%～67%。包料要均匀，包好后滚上糠，放入缸中。

5. 封缸

用两层塑料薄膜盖住缸口，不能漏气。缸上贴上标签，注明时间、批次、数量、级别、加工代号等。

6. 成熟

春秋季一般30～40 d可成熟，夏季20～30 d可成熟。

19.1.5　五香松花蛋

1. 包泥法

配方(1 000枚鸭蛋)：沸水15 kg，纯碱1.9 kg，生石灰6 kg，食盐1.5 kg，氧化铅0.05 kg，红茶末0.5 kg，大茴香0.25 kg，小茴香0.15 kg，陈皮0.5 kg，桂皮0.5 kg，丁香0.1 kg，植物灰7 kg。

将大茴香、小茴香、陈皮、桂皮、丁香碾成粉末，加水煮沸。先将纯碱、生石灰、食盐、氧化铝、红茶末放入缸内，再将五香调料水倒入缸内，用木棒搅匀，待纯碱等材料完全溶解后，再加入植物灰，继续搅拌至成为浓稠状料泥为止。然后用料泥包蛋，整齐摆放在缸内，加盖密封，经45～60 d即可成熟，成熟后可保存4个月以上。

2. 浸泡法

配方(kg)(1 500枚鸭蛋)：纯碱5.0，石灰15.0，食盐4.0，茶叶0.50，氧化铅0.05，花椒0.3，陈丹皮0.10，丁香0.10，玉果0.5，荜茇0.30，良姜1.0，清水100，大茴香0.30，小茴香0.20。

把碳酸钠、食盐、石灰、氧化铅置于缸内，其他原料放火锅内熬煮，待各种原料下完后，退火，将熬好的料水倒入缸内，搅拌均匀，过滤后冷却泡蛋。浸泡期只要25～30 d。其残料加些纯碱和食盐还可继续使用。

19.1.6　无铅鹌鹑皮蛋的加工

1. 原料蛋的选择

加工用的原料鹌鹑蛋，应该是通过灯光透视、严格挑选的要求在5 d内的新鲜蛋，蛋壳为灰白色，上面有红褐色或紫色斑点，色泽鲜艳，蛋壳结构致密、均匀，光洁平滑，蛋形正常，蛋重在10～15 g。剔除白色蛋、软壳蛋、畸形蛋、破损蛋等。

2. 配方与配料

(1) 配方：采用三种不同起始浓度的氢氧化钠进行五香鹌鹑皮蛋的加工试制，试图从中找出品质最佳的配方和起始氢氧化钠浓度，正确地指导生产。加工5 000枚(约50 kg)五香鹌鹑皮蛋所需的材料见表19－1所示。

(2) 配料：按照配方1，将红茶末、五香粉、食盐称量好，放进配料缸中，加入沸水，并不断搅拌，待料溶解后加入氢氧化钠，并搅拌，冷却后加入氯化锌，拌匀，静置24 h后备用。

表 19-1　混合料和配方情况

材料＼用量	1	2	3
沸　水	62.5	62.5	62.5
氢氧化钠	2.5	—	—
食　盐	1.5	3.2	1.5
氯化锌	0.08	0.08	0.08
五香粉	0.5	0.4	0.5
红茶末	0.6	2.6	0.6
纯　碱	—	4.5	3.18
生石灰	—	5	1.7

3. 选蛋装缸

将选好的蛋用清水洗干净后，再装进无裂缝和沙眼、洁净的陶缸中。装缸时，将检验合格后的鹌鹑蛋放平放稳，当装到离缸口 20 cm 时，盖上竹片，压上适当的石块，以防灌料时鹌鹑蛋上浮，浸泡不全。

4. 灌料

将准备好的混合料液浇入缸中，灌到超过蛋面 5 cm 时封口保存。注意这时要保持蛋在缸中静止不动，否则将成熟不好。

5. 成熟

五香鹌鹑皮蛋成熟最适宜的温度为 16～20℃，成熟时间 20 d 左右。气温高，成熟时间稍短；气温低，成熟时间稍长。

在成熟过程中分三次抽样检查。第五天一次，此时蛋表面的花片已脱落，但内容物有黏性。第二次是在第十二天，蛋内基本凝固，但硬度和弹性不够，如有黄水样蛋白，蛋黄周围有凝固，则说明碱过大，应马上采取行动，否则成熟不好。第三次是在第十八天，如果蛋白弹性较好，看颜色是否正常；如果弹性不好，颜色不是茶色。可再放 2～3 d 出缸。

6. 涂膜保质

五香鹌鹑皮蛋成熟以后，立即出缸用上清液清洗，摆在蛋盘上晾干。传统工艺用残料和黄土混合后包蛋保质，因为鹌鹑蛋小，操作困难，食用不方便。现代工艺是在鹌鹑皮蛋表面涂一层石蜡，再用塑料膜包装的方法保质效果较好，且便于食用，干净卫生。

19.1.7　松花蛋(皮蛋)的检验

1. 检验方法

通过“一观、二掂、三摇、四照、五打开”的方法进行：

(1) 观看蛋壳是否完整,壳色是否正常,有无黑斑。

(2) 将蛋放在手心轻掂,即拿一枚松花蛋放在手上,向上轻轻的抛丢两三次,感觉其弹性、颤动感。

(3) 用手捏住松花蛋的两端,放在耳边上下、左右摇动几次,听其有无水响声或撞击声。若有水响声的,将其破壳检验,如蛋白、蛋黄呈液体状态的即为劣质蛋。或握蛋摇晃听其声音。

(4) 皮蛋的灯光透照鉴别是将皮蛋去掉包料后按照鲜蛋的灯光透照法进行鉴别,观察蛋内颜色、凝固状态、气室大小等。

(5) 将皮蛋剥去包料和蛋壳,观察内容物性状及品尝其滋味。

2. 鉴定

(1) 外观鉴别

优质皮蛋:外表泥状包料完整、无霉斑,包料剥掉后蛋壳亦完整无破损;去掉包料后用手抛起约 30 cm 高自然落于手中有弹性感,颤动大,并有沉甸甸的感觉;摇晃时无动荡声。

次质皮蛋:外观无明显变化或裂纹;抛动试验弹动感差。

劣质皮蛋:包料破损不全或发霉;剥去包料后,蛋壳有斑点或破、漏现象,有的内容物已被污染,掂无颤动,摇晃后有水荡声或感觉轻飘。

一般将破损蛋、裂纹蛋、黑壳蛋及比较严重的黑色斑块蛋列为劣质蛋。裂纹蛋在浸泡过程中进碱过多,会影响蛋白的凝固和口味,出缸后,细菌也易侵入蛋内,成为臭蛋。

(2) 灯光透视鉴别

优质皮蛋:在灯光下透视时,若蛋内大部分呈黑色或褐色,小部分呈黄色或浅红色者;呈玳瑁色,蛋内容物凝固不动。

次质皮蛋:蛋内容物凝固不动,或有部分蛋清呈水样,或气室较大。

劣质皮蛋:大部分或全部呈褐色透明体并有水泡阴影来回转动,或一端呈深红色,甚至其内部有云状黑色溶液晃动者,即蛋内容物不凝固,呈水样,气室很大。

(3) 打开鉴别

① 组织状态鉴别:优质皮蛋,整个蛋凝固、不粘壳、清洁而有弹性,呈半透明的棕黄色,有松花样纹理;将蛋纵剖,可见蛋黄呈浅褐或浅黄色,中心较稀。次质皮蛋,内容物或凝固不完全,或少量液化贴壳,或僵硬收缩;蛋清色泽暗淡,蛋黄呈墨绿色。

劣质皮蛋:蛋清黏滑,蛋黄呈灰色糊状,严重者大部或全部液化呈黑色。

② 气味与滋味鉴别:优质皮蛋,芳香,无辛辣气;次质皮蛋,有辛辣气味或橡皮样味道;劣质皮蛋,有刺鼻恶臭味或有霉味。

19.2 咸蛋加工

19.2.1 简介

咸蛋主要是将鸭蛋或鸡蛋用食盐腌制而成。食盐对蛋有防腐、调味和改变胶体状态的作用,食盐分子渗入蛋内,形成的食盐溶液产生很高的渗透压,可以抑制微生物的生长繁殖,延缓蛋的腐败变质速度,同时食盐可以降低蛋内蛋白酶的活动,使蛋内容物分解变化速度延缓,从而使蛋的保藏期延长;另一方面,由于食盐的渗入,可以改善蛋的风味,食盐通过蛋壳上的气孔、蛋壳膜、蛋白膜、蛋黄膜逐渐向蛋白及蛋黄渗透和扩散,使蛋内水分逐渐脱出蛋外。蛋内的食盐电离成的正负离子与蛋白质、卵磷脂等作用而改变蛋白、蛋黄的胶体状态,使蛋白变稀,蛋黄变硬,蛋黄中的脂肪游离聚积(冒油)而形成咸蛋。

19.2.2 材料和用具

小缸或小坛,天平,照蛋器,和泥容器,鲜鸭蛋或鸡蛋,食盐,黄泥,净水,稻草灰,木棒,筛子,竹片等。

19.2.3 盐水浸泡法

1. 操作方法

(1) 料液配制:配制的盐溶液浓度为15%～22%,即清水80～85 L,加食盐15～20 kg,可泡鲜鸭蛋1 800～2 000枚,或鲜鸡蛋2 000～2 400枚。

配液时将清水和定量的食盐煮沸,舀去液面上的泡沫杂质。待盐水凉透后,即可浸泡腌制。另外,还可用煮沸的开水冲泡食盐,待其溶化和凉透后即可浸泡鲜蛋。

(2) 装缸:盐液配好后,将选剔好的鲜蛋轻轻放入缸内,装满后用竹篦盖或木板条将蛋压实扣牢,使所浸泡的鲜蛋低于液面10～20 cm。

(3) 成熟与保管:在咸蛋浸泡期间,一般室温应控制在20～28℃之间,缸或罐口须封严。其成熟时间为20～30 d左右,浸制2个月后咸蛋的蛋黄油质溶出明显,3个月以后又逐渐减少,蛋黄硬化,蛋白变老,外壳产生黑斑点。

2. 优点

盐水浸泡腌蛋,方法简单,成熟快,用过的盐水再加部分食盐后还可重复使用,成本也较低,适合城乡居民和厂矿企业的食堂采用。

19.2.4 草灰包裹法

草灰法又分为提浆裹灰法和灰料包蛋法两种。

1. 提浆裹灰法

① 工艺过程为：配料打浆→原料蛋挑选→提浆裹灰→捏灰→包装→腌制→成品。

② 配方(1 000 枚鸭蛋)：稻草灰 15～25 kg，食盐 5～7 kg，清水 13～15 L。配料标准要根据加工季节和南北方口味不同而适当调整。

③ 操作要点：打浆时要先将食盐溶于水，再将草灰加入，用打浆机搅成不流、不起水、不成块、不成团下坠、放入盘内不起泡的不稀不稠的灰浆，过夜后即可使用。

提浆即将挑选好的原料蛋，在经过静置搅熟的灰浆内翻转一下，使蛋壳表面均匀地粘上一层 2 mm 厚灰浆。

裹灰是将提浆后的蛋尽快在干燥草灰内滚动，使其粘上 2 mm 厚的干灰。如过薄则蛋外灰料发湿，易导致蛋与蛋的粘连；如过厚则会降低蛋壳外灰料中的水分，影响成熟时间。裹灰后还要捏灰，即用手将灰料紧压在蛋上。捏灰要松紧适宜，滚搓光滑，无厚薄不均匀或凸凹不平现象。捏灰后的蛋即可点数入缸或装篓，出口咸蛋一般使用尼龙袋或纸箱包装。用此法腌制的咸蛋，夏季 20～30 d，春秋季 40～50 d 即成。

2. 灰料包蛋法

① 配方(1 000 枚鸭蛋)：食盐 3.5～4 kg，稻草灰 50 kg，清水适量。

② 将食盐用清水溶解后，加入稻草灰中，充分搅拌使灰料成团块；将选好的蛋洗净晾干后，即可用灰料均匀地逐个包裹，然后放入缸内或塑料袋内，封口，夏季约 15 d，春、秋季约 30 d，冬季 30～40 d 即可腌成咸蛋。

19.2.5　黄泥包裹法

1. 配料

鸭蛋 1 000 枚，食盐 7.5 kg，干黄土 8.5 kg，水 4 L。

2. 工艺

将黄土捣碎过筛后，与食盐和水放入拌料缸内，用木棒充分搅拌成稀薄的泥浆状，其标准以一个鸭蛋放进泥浆，一半浮在泥浆上面，一半浸在泥浆内为合适。将检验合格的蛋放于泥浆中，使蛋壳全部粘满泥浆后，取出放入缸或塑料袋中，最后将剩余的泥浆倒在蛋上，盖好盖子封口，存放 30～40 d 即为成品。

19.2.6　质量鉴定

1. 透视检验

抽取腌制到期的咸蛋，洗净后放到照蛋器上，用灯光透视检验。腌制好的咸蛋透视时，蛋内澄清透光，蛋白清澈如水，蛋黄鲜红并靠近蛋壳。将蛋转动时，蛋黄随之转动。

2. 摇震检验

将咸蛋握在手中，放在耳边轻轻摇动，感到蛋白流动，并有拍水的声响是成熟的咸蛋。

3. 除壳检验

取咸蛋样品，洗净后打开蛋壳，倒入盘内，观察其组织状态，成熟良好的咸蛋，蛋白与蛋黄分明，蛋白呈水样，无色透明，蛋黄坚实，呈珠红色。

4. 煮制剖视

品质好的咸蛋，煮熟后蛋壳完整，煮蛋的水洁净透明，煮熟的咸蛋，用刀沿纵面切开观察，成熟的咸蛋蛋白鲜嫩洁白，蛋黄坚实，呈珠红色，周围有露水状的油珠，品尝时咸淡适中，鲜美可品，蛋黄发沙。

19.2.7 几种风味咸蛋的加工

1. 腌制五香咸蛋

五香咸蛋系鲜鸭蛋配以佐料加工而成。腌制方法：先将鲜鸭蛋中不易加工的散黄蛋、裂纹蛋等剔除，然后把鲜鸭蛋洗净沥干。一般 100 只鲜鸭蛋配桂皮 120 g、茴香 70 g、辣椒粉 50 g、食盐 750 g，加水 3 L；煮 1 h，冷却后弃渣，然后加五香粉 50 g，制成不稠不稀的泥料。腌制时，用左手取鲜鸭蛋 3～5 只，放入泥料内，右手把沾有泥料的蛋放入小缸内，装满后用盖盖紧封好。五香咸蛋在夏季 25～30 d，春、秋季 40～50 d 即可成熟。

2. 白酒咸蛋

原料：白酒，精盐，鸡蛋。

方法：在酒中浸蘸→表面蘸满精盐→密封。

配方(鲜蛋 5 kg)：60 度以上白酒 2 L，细盐 1 kg。

用量：蛋/酒＝5/1　蛋/盐＝10/1

操作要点：将要腌制的蛋品逐个在白酒中浸一下，再放到细盐中滚一层盐，然后放入坛中，最后将多余的细盐撒在最上层，加盖密封，储放于阴凉干燥处，40 d 左右即可食用。

3. 辣椒酱咸蛋

配方(鲜蛋 5 kg)：辣椒酱 5 kg，细盐 1 kg，白酒 0.02 L。

将辣椒酱与白酒调匀，然后将蛋逐个放入，滚上一层糊，再放到盐里粘上一层细盐，然后放入容器中，最后把多余的辣椒酱和细盐放在一起拌匀，覆盖到最上面。容器用塑料薄膜密封，放在阴凉干燥处，50 d 左右即可食用。

4. 白酒五香粉咸蛋

原料：面粉，五香粉，精盐，白酒，鸡蛋。

方法：调制面糊→加白酒、五香粉→鸡蛋包裹→蘸盐→密封。

操作要点：先将蛋洗净晾干，将面粉用 20℃左右的水调成糊状，浓稠程度以鲜鸡蛋放入呈半浮半沉状态为宜。然后放入五香粉、白酒等，加入量依照个人口味不同而加入。鲜鸡蛋放入调好的面糊中缓慢转动，待蛋壳表面粘满面糊后取出，蘸盐，最后放入腌制容器内，密封贮存，夏季 30 d，春、秋季 40 d，冬季 60 d 方可腌成咸蛋。

19.3　糟蛋加工

19.3.1　简介

糟蛋是用鸭蛋或鸡蛋与酒糟和盐封入缸内糟制而成。在糟制过程中，酒糟中的醇、酸和糖等，通过渗透和扩散作用进入蛋内，使蛋内蛋白和蛋黄发生一系列的物理和化学变化，凝固形成糟蛋特有的风味和形态。

19.3.2　材料及用具

鲜鸭蛋，糯米，食盐，酒药，红糖，白酒，陈皮，花椒等。

19.3.3　平湖糟蛋

1. 配料

鲜鸭蛋 120 只，优质糯米 11 kg，食盐 1.5 kg，甜酒药 200 g，白酒药 100 g。

2. 加工方法

(1) 酿酒制糟

① 浸米：选择米色洁白、米粒饱满、无杂质的精制糯米为原料，放在淘米箩内淘净，置于缸中用冷水浸泡。浸泡时间依据气温高低而不同，一般 12℃左右，浸泡 1 d 可以浸透，20℃以上时需浸 20 h，10℃以下需 28 h。

② 蒸饭：把浸好的糯米捞出，用清洁的冷水冲洗干净后倒入木桶中摊平，先将锅内的水烧开，然后放上木桶，等蒸汽从米层上升后再盖桶盖，蒸 10 min 左右揭开桶盖，用小竹帚蘸热水撒于饭面，以便米饭膨胀均匀。再加盖蒸 15 min，饭即熟透。然后将蒸桶抬到淋饭架上，用清水冲淋，使饭温降至 30℃。

③ 制糟：把冲淋后沥尽水的蒸饭倒入缸中，把白酒药、甜酒药研成细末后撒在饭面上，充分拌匀，扣平饭面，中间挖一个上大下小的圆洞（直径约 30 cm），然后放入水浴锅或者恒温箱内，在 35℃经 22～30 h 发酵，便有液体或酒汁（酒精溶解在发酵液中）汇集在圆洞中。至液体达 3～4 cm 深时，使缸内温度下降。当液体灌满洞时，需把液体用小勺泼在糟面上，使其充分酿制。约

经 1 周后，将酒糟拌和均匀移入坛内密封，静置 2～3 周，酒糟即酿制成熟，可供制糟蛋使用。

(2) 原料蛋选择：通过感官鉴定和灯光透视，挑选新鲜、完整、个头均匀的鲜鸭蛋为原料蛋。剔除各种次、劣蛋。

(3) 洗蛋、击蛋：将挑选合格的鲜蛋洗净、沥水、晾干。将蛋放在左手掌中，右手拿竹片(长 13 cm，宽 3 cm，厚 0.7 cm)，对准蛋的纵侧从大头部分轻轻一击，然后将蛋转半周，在另一侧同样一击，关键是要击破蛋的外层硬壳，使蛋壳略有裂痕，而不使蛋壳膜破裂。

(4) 装坛糟制

① 蒸坛：蒸坛时，将坛口朝下倒扣在带孔眼的木盖锅上，加热时锅内的蒸汽冲入缸内进行杀菌，同时也可通过蒸汽观察，判断蛋坛是否有裂纹。把杀菌后的坛口朝上，使蒸汽向外扩散，冷却后备用。

② 落坛：将经杀菌后的坛，用酿制成熟的酒糟铺在坛底且摊平，即可放蛋进行糟渍，称为装坛。装坛时在坛底铺一层酒糟，然后放一层蛋，大头朝下，排列不可太紧。以后一层糟一层蛋逐渐装放，直至 120 只蛋装完为止。最后在蛋面上平铺一层酒糟，并撒上食盐。

③ 封坛：落坛后即可封坛口。方法是用两张刷上猪血的牛皮纸封口，外面再包上一层竹箬，用绳子扎紧堆码。四坛一叠，堆坛要稳，以免坛内糟、蛋摇动而使食盐下沉，每坛最上一只坛口用方砖压实。

④ 成熟：糟蛋从落坛到糟渍成熟，一般要经过 5 个月左右。

19.3.4 宜滨糟蛋

1. 配料

鲜鸭蛋 150 只，甜糟 5 kg，红糖 2 kg，食盐 2 kg，68 度白酒 1 L，陈皮 25 g，花椒 25 g，熬糖(用红糖 2 kg 加水熬至起丝为止)。

2. 加工方法

(1) 酿酒制糟：与平湖糟蛋相同。

(2) 装坛糟制：先在坛底平铺一层糟料，然后一层蛋一层糟料装坛至满。最后在蛋面上盖一层糟料，密封坛口，贮存糟制。

(3) 翻坛剥壳：蛋在室温下糟渍 3～4 个月时，蛋壳即变软易剥，将翻出的蛋逐枚剥去蛋壳，切勿将蛋壳膜剥破。这时的蛋成为无壳的软壳蛋。

(4) 白酒浸泡：将剥去蛋壳的蛋，逐枚入缸内，倒入高度白酒，浸泡 2 d 时蛋白蛋黄已全部凝固，不再流动，蛋壳膜稍膨胀而不破裂。

(5) 加料装坛：用白酒浸过的蛋，逐枚取出，装入容量为 150 枚的坛内。装坛时用原有的糟料，再加入红糖、食盐、陈皮、花椒、熬糖等配料充分搅拌均匀，按以上装坛方法，加盖密封，放在阴凉干燥的地方。

（6）翻坛贮存：对密封贮存 3～4 个月的糟蛋需要再翻坛，使下层的蛋翻到上层，上层的蛋翻到下层，达到整坛的蛋均匀糟渍。翻坛后仍然密封贮存。

（7）成熟：自加工开始到翻坛后贮存 1 年以上的糟蛋已糟制成熟。

实验二十　其他再制蛋的加工

【目的和要求】 本实验旨在了解和掌握更多再制蛋和其他蛋制品的加工原理、一般工艺以及产品特点。进一步了解蛋制品加工的方法。

20.1　五香茶叶蛋的加工

20.1.1　简介

五香茶叶蛋，又称茶叶蛋，是我国一种历史悠久的风味蛋制品，颇受消费者欢迎。因其加工时使用了茶叶、桂皮、八角、小茴香、食盐等五香调味香料，故称其为“五香茶叶蛋”。不过各地的用料有一定差异。

五香茶叶蛋，一般是以鲜鸡蛋为原料，利用辅料的调味、产香、增色和防腐等功能，在加热下使蛋白、蛋黄凝固，使成品呈茶色，香味浓郁，具有独特的色、香、味。

20.1.2　配方

老抽酱油 50 g，白砂糖 10 g，精盐 20 g，味精 10 g，增鲜剂 5 g，卤味精膏 15 g，红茶叶 17 g，焦糖色素 1 g，花椒粉 4 g，丁香粉 1 g，小茴香粉 3 g，桂皮粉 3 g，八角粉 7.5 g，甘草粉 1 g，水 1 000 g，鸡蛋 20 个。

20.1.3　加工工艺及要点

选料→磨粉→混合→装袋→配料→煮卤水→煮卤蛋→鸡蛋浸泡→清洗→煮熟→快速冷却→打壳→干燥→成品。

1. 选料

卤茶叶蛋所用的茶，必须选择红茶叶为原料。红茶的特点是茶香足，茶叶蛋上色快，使卤出的茶叶蛋色、香、味俱全。香料是卤茶叶蛋的主要原料。香料的好坏是决定卤茶叶蛋品质的关键。在选用香料的过程中，必须保证香料是没有霉变，绝对的纯品，水分保证在 10%以下的优质天然香料。

2. 磨粉

选好优质的茶叶及天然香料后，进行磨粉。一般用纱布做袋的调料包，只需把茶叶及天然香料粉碎到 16～20 目的细粉即可。但如果将其原料直接煮茶叶蛋则必须通过 40 目。这样比较能溶于汤料中。

3. 混合

将配方中所需的原料混合均匀。

4. 装袋

把原料混匀后即刻装入纱布袋中,再进行外包装。

5. 配料

将装入纱布袋中的茶叶投入到水中,再配入那些必要的可溶性原料,在锅中搅开。

6. 煮卤水

将全部原料配全后就可以用火煮。一般是先将卤水煮出香气后再投入鸡蛋,这样可以缩短卤茶叶蛋的时间。

7. 鸡蛋浸泡

将新鲜鸡蛋用清水浸泡 5～10 min,放入高锰酸钾或巴氏液消毒,再清洗干净。

8. 清洗

将浸泡的鸡蛋每个用刷子进行洗刷,完全消除鸡蛋壳上的脏物,再将鸡蛋漂洗干净。

9. 煮蛋

将鸡蛋用锅煮熟,注意火候,避免产生大量的爆裂,而增加蛋的损耗。

10. 快速冷却

准备大的器皿放入 15℃温水,将鸡蛋迅速投入水中,利用收缩使外壳分离。

11. 破壳

为使风味能尽快有效地进入鸡蛋内部,所以要给煮好后的鸡蛋进行破壳。一般情况下破壳状况在三分之二,但不能破坏鸡蛋整体,使卤茶叶蛋保持鸡蛋整体性。

12. 干燥

将破壳后的鸡蛋放在风扇下或通风处去除水分,使鸡蛋表面脱水这样使卤茶味蛋投入卤汁中能很快地吸收卤汁,加快风味进入。

13. 煮卤蛋

鸡蛋投入卤汁中先将其煮开 3 min,再换成小火慢煮。大约在煮到 2 h 后即可食用,浸泡至 5 h 后的卤茶叶蛋风味最佳。

20.2　卤制蛋加工

20.2.1　简介

卤制蛋,是用各种调料或肉汁加工而成的熟制蛋。如用五香卤料加工的蛋,叫五香卤蛋;用桂花卤料加工的蛋,叫桂花卤蛋;用鸡肉汁加工的蛋,叫鸡肉卤蛋;用猪肉汁加工的蛋,叫猪肉卤蛋;用卤蛋再进行熏烤出的蛋,叫熏卤蛋等。卤制蛋是熟食店经营禽蛋品的一个大众化食品，普遍受到人们的欢迎。

20.2.2　配方

鸡蛋100枚，白糖400 g，大料400 g，桂皮400 g，丁香100 g，白酒100 g，甘草200 g，酱油1 250 g。

20.2.3　制作方法

(1) *准备*：将各种配料放入卤料锅，加水量以能将100枚鸡蛋浸没为准。

(2) *卤制*：先将鲜鸡蛋洗净，用水煮熟，剥去蛋壳，放进配制好的卤料锅内，加热卤制。卤制时，火力不宜大，应用文火卤制。这样，能使卤汁慢慢地渗入蛋内，约1 h方可卤好。

(3) *食用方法*：卤制蛋的食用，可以热食，也可以冷食。热食香味浓厚，冷食多为出外旅游随身携带时食用。存放卤制蛋的容器或塑料袋，要清洁卫生，防止细菌和污物沾染。当天加工的卤制蛋，要当天出售，未售完的卤蛋，第二天仍要放在卤汁中再行加热后，取出销售，以保证卤蛋的品质和卫生。

(4) *产品特点*：色泽浓郁，卤味厚重，营养丰富，食用方便。

20.3　虎皮蛋的加工制作

20.3.1　简介

虎皮蛋，是将鲜蛋放在水中煮熟，剥壳、油炸后的一种蛋品。虎皮蛋的蛋白经过油炸以后，呈现出深黄色，皮层起皱，看上去形似虎皮，故名虎皮蛋。炸制后的蛋白皮层食之油酥，增进了蛋的风味。

20.3.2　制作方法

先将蛋煮熟冷却、剥壳，再投入热植物油锅内炸制。当炸至蛋白起皱发黄，即捞出冷却，再装入瓶或罐里，并加入适量的调味汤汁，加盖密封。而后经过高温杀菌消毒，排出瓶或罐中的空气，使蛋中原有的微生物被杀死。由于瓶盖密封，外界的微生物无法进入；同时，由于瓶内的空气已经被排出，形成真空状态，瓶内的虎皮蛋就不会发生质量变化，能保藏较久的时间而不腐坏。

20.3.3　食用方法

虎皮蛋可以冷食或热食。

(1) *热食的方法*：一是放在小碗里隔水蒸后食用；二是锅中放少量油，再进行一次过油后食用；三是将虎皮蛋整枚与肉类食品同锅烧食；四是将蛋切成 4～6 片与其他菜、肉同锅炒食。

(2) 冷食的方法：一般是切成三角形片或圆片，摆成冷盘上桌，或外出旅游食用。

20.4　五香熏蛋

熏蛋是将经过烧煮成熟的蛋烟熏而成的一种熟蛋制品。

20.4.1　配方

鸭蛋 100 枚，红砂糖 200 g，香葱 800 g，湿红茶叶 200 g，香油和盐少许。

20.4.2　加工工艺

将鸭蛋清洗干净，置于冷水锅中(水要淹没蛋体)用文火慢慢烧煮。待水开后即去火，焖 5 min，使蛋白达到凝固，而蛋黄尚未凝固。然后，将蛋置于冷水中，晾凉后剥去蛋壳，准备烟熏。

将锅内四周放上湿茶叶、红砂糖，锅上放铁丝网，然后铺上香葱，将蛋排列在葱上，盖上锅盖。把锅加热，用文火烧，使锅内砂糖、茶叶冒起浓烟后去掉火，焖熏 2 min即成。

熏蛋系熟制品，不宜久储，应在低温通风处保管。食用时将蛋切成瓣，撒上盐，浇淋香油即可。

20.5　香酥蛋松

蛋松是选用新鲜蛋液，经油炸后炒制而成的一种疏松而脱水的熟制蛋品。其营养价值丰富，容易消化，保存时间长，为年老体弱者和婴幼儿的最佳食品，也是很好的旅游和野外工作者随身携带的方便食品。

20.5.1　配方

鲜蛋 1 000 只，精盐 1.5 kg，植物油或猪油 10 kg，酒 3 L，味精 0.2 kg。

20.5.2　制作方法

(1) 选料：取新鲜鸡蛋或鸭蛋，打入盆中，并调入精盐、味精和料酒，搅拌均匀。

(2) 制作：把锅烧热，加入植物油，烧至油近四成熟。把细眼筛子(40～60 目)对准油锅，将拌匀的蛋液均匀地倒入锅内，使蛋液逐渐从筛眼淋进油锅中，受热即成丝状并浮起。快速用筷子翻动一下，并用漏勺捞出。

(3) 搓松：将起锅后的蛋丝，放在淘米箩中，用力压干油分，压得越干越好。稍冷却后，再用干净的包装纸，把蛋丝放入、卷起，轻轻地推搓使其吸收油质。推搓时，包装纸出现油湿即换纸，经 3～4 次推搓换纸，即成干而蓬松的蛋松。成品率达 35%～40%。

20.5.3 产品特点

其丝绒细长，蓬松软韧，香酥油润，味道鲜美。在南方常作为喝米粥的菜肴，也可作冷菜盘内的配料，还可包装成方便食品。

20.6 蛋肠的加工

蛋肠是一种以鸡蛋为主要原料，适当添加其他配料，仿照灌肠工艺，经灌制、漂洗、蒸煮、冷却等工序，加工而成的一种蛋制品。具有营养丰富、味美辛香、食用方便、易于贮存等特点。

1. 工艺流程

配料→打蛋→灌制→漂洗→蒸煮→冷却→贮藏→成品包装。

2. 加工方法

(1) 配料：鲜鸡蛋 50 kg，湿蛋白粉 10 kg，食盐 1.8 kg，葱汁 500 g，胡椒粉60 g，温水(40℃左右)2.5 L。将以上配料中除鸡蛋以外的全部用料，预混后备用。

(2) 打蛋：将洗净的鸡蛋逐枚打开，倒入打蛋机的打蛋缸中，以 60～80 转/min 的转速，打蛋 15～20 min。没有打蛋机时可用打蛋帚，手工打蛋 30～35 min。将上述预混料掺入，继续打 2～3 min，制成蛋混料，待用。

(3) 灌制：用灌肠机将蛋混料灌入肠衣内。没有灌肠机时，也可用搅肉机取下筛板和搅刀，安上漏斗代替灌肠机。肠衣下端以细麻绳扎紧，注料后上端也以细麻绳扎紧，并预留一绳扣，以便悬挂，每根蛋肠长度为 30 cm。

(4) 漂洗：灌制的湿肠，放在温水中漂洗，以除去附着的污物，并逐根悬挂在特制的多用木杆上，以便蒸煮。

(5) 蒸煮：将蒸煮槽内盛上半槽清水，加热至 85～90℃时，将挂满蛋肠的木杆逐根排放入槽内继续加热，并使水温恒定在 78～85℃状态下，焖煮 25～30 min，使蛋肠的中心温度达到 72℃以上，即可出锅。

(6) 冷却：将煮制成的蛋肠连杆从蒸煮槽中取出，并排放在预先清洗消毒的杆架上，推放到熟食品冷却间，使蛋肠的中心温度冷却至 17℃以下，蛋肠表面呈干燥状态，即为成品。

(7) 包装：对本地区销售产品不包装，以悬挂式保藏；对外地销售产品则用带有食用塑料袋内囊的食品纸箱进行包装。

(8) 贮藏：悬挂式保藏的蛋肠，在温度低于 8℃、相对湿度 75%～78%状况下可保存 5～6 d；包装外运的产品置于－13℃的冷库内可贮存 6 个月。

在鸡蛋灌肠的配料中也可加入切碎的鸡杂，使灌肠的截面形成一定的结构和花纹，提高营养价值、风味和口感。也可以松花蛋为主料制成灌肠，其风味别具一格。

20.7 长蛋加工

长蛋又称卷蛋，其中央部分为圆筒状蛋黄，蛋黄外围包以蛋白，并用塑料薄膜或人造肠衣包装而成圆筒状水煮冷冻食品。其营养成分和水煮蛋相同，但携带和食用比较方便。

20.7.1　种类及用途

长蛋有中央是蛋黄而外围是蛋白、全为蛋白、全为蛋黄、蛋白和蛋黄混合等几种形式。为增加风味，有的蛋液中加入干酪、蟹肉或碎鱼肉等而制成长蛋。长蛋的食用类似于火腿肠，一般先切成细片后，再加入水产制品而供速食快餐面中使用。也可作为西餐，如沙拉餐、三明治等的配料或用于冷盘食用。

20.7.2　工艺流程

新鲜鸡蛋→打分蛋→过滤→调节固形物和 pH→预热→注入蛋白→制蛋白筒→中心注入蛋黄，加热凝固→在 15 min 内冷冻至－15℃以下→在－18℃以下保存。

20.7.3　工艺操作要点

长蛋及类似品的加工已实现机械化，主要设备为长蛋制造机，其加工工艺有两种：

(1) 先注蛋白：在不锈钢的二重管(固定外管内径 4.5 cm，活动内管内径 2.8 cm)间注入蛋白(约占总量的 62%)，用蒸汽加热使蛋白凝固后抽出内管，再注入蛋黄液，然后由管外侧加热，待全部凝固后压出管外，用塑料薄膜包装，两端结扎后再用热风或热水加热杀菌。加热条件依直径大小而不同，如直径为 4.5 cm，则 90.5℃加热 20～30 min 即可。如不直接出售而制成冷冻品时，须在杀菌后 15 min 内冷冻至－15℃以下，然后在－18℃以下保存。

(2) 先加工蛋黄：先将蛋黄在圆筒中加热凝固成圆筒状后压出，再将其放入固定的外管中央，注入蛋白液后加热，使蛋白凝固后即成。

20.7.4 影响长蛋品质的因素

除原料蛋液的品质外，长蛋的品质还受加工及储藏条件的影响。

(1) 杀菌条件：长蛋在充填包装后的杀菌强度虽然有利于产品储藏，但会显著损害其品质。杀菌温度过高易使其蛋白和蛋黄过硬，并且易引起蛋黄变绿或变黑。因此，为维持长蛋的风味、颜色、口感等，在包装后应予以合适的强度杀菌。

(2) 冷冻储藏：一般而言，长蛋在常温下仅能储藏 2～3 d，在 0～5℃下冷藏可储藏 1 周左右。冷冻储藏可延长储藏时间，但解冻时会引起蛋白的变性，而有橡胶样的口感，而且这种变化不可逆。防止冷冻变化的方法有：

① 制品速冻即用－40℃左右的氟氯烷或液态氮等作冷冻介质，直接分撒于制品上而使其速冻。但这种方法因温度过低，常会冻裂产品。

② 添加糖类如可添加 50％糊精后再加热，即可防止热凝固蛋白的冷冻变性。

③ 添加易吸水的 0.1％～1％淀粉、食用胶、适量油脂或乳化剂等。

④ 在添加上述物质的同时调整 pH，可较好地维持蛋白的保水性。

20.8 虎皮蛋罐头加工

虎皮蛋是用鹌鹑鲜蛋经过煮熟、剥壳、油炸后装入瓶罐的一种罐头制品。它具有形态美观，风味别致，携带方便，制作容易，贮存期长等特点。

20.8.1 调味汤汁配方

食盐 2 kg，酱油 5 kg，茴香 0.1 kg，桂皮 0.1 kg，味精 0.04 kg，白糖 0.5 kg，水 60 kg。

20.8.2 加工工艺

原料蛋选择→清洗→分级→预煮→剥外壳→油炸→配汤→罐装→排气→封罐→杀菌→冷却→打检→包装→成品。

20.8.3 加工方法

(1) 鲜蛋验收：用感官法和透视法进行检验，剔除次劣和变质蛋。

(2) 清洗分级：将合格的鲜蛋放入 30℃左右的水中浸泡 5～10 min，然后捞出，用清水冲洗去蛋壳上的杂质、粪便等；并按大小分级，以使同罐中的蛋大小均匀。

(3) 预煮、剥壳：将洗好的蛋放入 5％食盐溶液中煮沸 3 min，待鹌鹑蛋熟透后捞出，立即用冷水冷却，然后剥壳。剥壳时尽量不要损坏蛋白。剥壳后反复漂洗，洗去蛋壳膜。50℃左右的水中浸泡 15～20 min，再反复漂洗，洗去蛋壳膜。

(4) 油炸：剥好的蛋沥干水分后，放入 180～200℃的植物油中炸 3～5 min，待蛋白表面炸至深黄色，并形成皱纹时即可捞出，沥干油后装罐。

(5) 配汤：将茴香、桂皮等香辛料用纱布包好，放入清水中煮沸 40～50 min，当有浓郁香辛味逸出时加入食盐等辅料。待食盐、白糖溶解后，停止加热，汤汁用纱布过滤，保持汤汁在 80℃以上备用。

(6) 装罐：在已消毒的玻璃瓶中加入炸好的虎皮蛋 300 g，再加上配制好的汤汁(80℃)200 g，并扣上罐盖。

(7) 排气、封罐：热力排气，中心温度达 80℃以上；真空密封，真空度 46. 6～53. 3 kPa(350～400 mmHg)。封罐后及时检查，挑出封口不符合要求的罐。

(8) 杀菌、冷却

(9) 擦罐

20. 9　蛋黄酱

蛋黄酱是以精制植物油、食醋、鸡蛋或蛋黄为基本成分，经加工制成的一种半固体食品。其在西餐中又名沙拉，是西餐中不可缺少的调味品，可直接用于调味佐料、面食涂层和油脂类食品。目前在快餐、方便食品中也得到了广泛应用。

1. 原料和配方

配方：植物油 75%～80%，食醋(醋酸含量 4. 5%)9. 4%～10. 8%，蛋黄 8%～10%，砂糖 1. 5%～2. 5%，盐 1. 5%，香辛料 0. 6%～1. 2%。

(1) 植物油：要求用无色或浅色的油，硬脂含量不超过 0. 125%。最好选用植物性色拉油，如净化棉籽油、红花籽油、菜油、玉米油等，最常用的是精制豆油，最好的是橄榄油。要求颜色清淡、正常、稳定性好、浊度低。而有些油脂，如棕榈油、花生油等不宜用于制造蛋黄酱。

(2) 食醋：要求使用无色的食醋，醋酸浓度在 3. 5%～4. 5%之间。醋在蛋黄酱中有双重作用，一是可抑制微生物的生长，起防腐作用；二是可作为风味剂来提高产品的风味。

(3) 蛋黄：蛋黄或全蛋的主要作用是乳化。蛋黄酱的乳化是围绕着蛋黄产生的，蛋黄中的类脂物质对于产品的稳定性、风味和颜色起着关键作用；如果用全蛋，蛋清在蛋黄酱制造过程中，有助于与酸凝结而形成胶体的结构。

(4) 香辛料：香辛料主要增加产品的风味。常用的有芥末、胡椒、辣椒、味精等。其中芥末是一种非常有效的乳化剂，可与蛋黄结合产生很强的乳化效果。

(5) 砂糖和盐：砂糖和盐起调味作用，在一定程度上还有防腐和稳定产品质量的作用。

2. 加工方法

(1) 传统制造方法

参考配方：蛋黄 500 g，精制菜油 2500 mL，食盐 55 g，芥末酱 12 g，白胡椒面 6 g，白糖 120 g，醋精(30%)30 mL，味精 6 g，维生素 E 4 g，凉开水 300 mL。

将新鲜鸡蛋洗净，杀菌后取出蛋黄，放在容器内。把烧熟又晾凉的豆油，少量多次、慢慢地加入蛋黄内。顺着一个方向，用筷子搅拌，使蛋黄逐渐黏稠膨胀起来。最后加入盐、糖、味精、醋等调味料，搅拌均匀即成。

(2) 现代生产方法

参考配方：植物油 79.2%，蛋黄粉 2.5%，脱脂奶酪 1.0%，食盐 1.0%，砂糖 1.0%，80%醋酸 0.6%，苏打 0.03%，芥末面 0.63%，水 50%。

将蛋黄粉、芥末、砂糖、盐和香辛料等固体物料一起干磨，然后加入约 1/3 的醋，在激烈搅拌下徐徐加入植物油，使其形成一个很黏的“核心”，最后加入剩余的醋和水，搅拌均匀形成酱状即可。

实验二十一　肠衣加工

【目的和要求】 通过实验，加深对肠衣加工原理的理解，熟悉并掌握肠衣加工的一般工艺。

21.1　肠衣简介

生猪屠宰后的新鲜小肠，经过加工，除去肠内外各种不需要的组织，剩下一层坚韧的半透明的薄膜，称为肠衣。它皮质坚韧、滑润，有弹性，可用于灌制各种香肠。

21.2　材料和器具

猪小肠、粗盐、精盐、木槽、刮板、刮刀、分路卡、缸、竹筛、量码尺。

21.3　工艺及要点

21.3.1　半成品肠衣

1. 取肠

猪原肠的要求：① 色泽新鲜，无异臭味；② 猪小肠必须两端完整，大小头齐全，不带破损；每根长度在 14 m 以上；③ 不沾泥沙与杂物；④ 病死猪的小肠、虫肠、粉肠不得收购；⑤ 厚肠，既不能放在金属容器内，也不能干堆在一起，要浸漂于清水之中。

猪屠宰后，从腹腔内取出内脏，然后在其未冷却之前及时扯出小肠。具体方法是，从大肠与小肠的连接处割断，以一手抓住小肠，另一手捏住肠网油慢慢地往下扯，使油与小肠分离，直到胃幽门处割下。要求不破不断，全肠完整。

2. 捋肠

扯完油后的小肠尚有一定温度，不能堆积，必须立即将肠内容物捋净。但用劲不能太猛，以免拉断。

3. 灌水冲洗

捋净肠内容物后，即将肠用清水灌洗干净，以免发生“粪蚀”，影响肠衣品质。

4. 浸泡

从原肠的一端灌入清水，将水赶至中间，然后将肠挽成一串，穿在木棍上，木棍搁在水缸(桶)口上，将肠浸没在水缸中。利用微生物的发酵和组织自身降解，使得小肠组织适当分离，便于刮制。浸洗时应不时用木棍或手上下垂直搅动，但不能让肠与缸边碰擦。浸洗时间应根据气候、肠质等具体情况掌握，但不能过长。春、夏、秋季泡 1 天即可，冬天要泡 1 天以上，最多不能超过 3 d，同时要坚持每天换水。

5. 刮肠

把浸泡好的肠捞出，放入木槽内。先将肠整理，割去弯头，然后逐根从大头处灌入 200～300 mL 清水，再放在平整光滑的木板或刮板上，逐根刮制。将厚肠从中间向两头或从小头向大头刮制。要求无破损，少节头。刮时持刀应平稳均匀，用力不得过重或过轻；难刮之处不应强刮，应反复轻刮，以免将肠壁刮破刮伤。必要时可用刀背在难刮之处轻敲，使该部分组织变软后再刮。刮肠的台板面必须平滑、坚硬，无节疤。刮刀有竹制、铁制、胶木制等，长约 10 cm，宽 6～7 cm，刀刃不宜锋利，但应平齐。刮制时，将厚肠放在刮板上摆顺，以右手按住厚肠，右手持刮刀，由左向右均匀地刮动，刮去肠中黏膜和肠皮。在刮制时，要用水冲、灌、漂，把色素排尽。遇有破眼部位割断，同时将弯头、披头割去。在冬季加工时，需用热水刮肠。

6. 量码配把

在配把（约 10 副猪小肠，可加工 1 把肠衣半成品）时，要根据猪肠衣半成品的规格要求，精心量码、搭配。在量码时，应以肠衣的自然形状为准，不可绷紧量尺。一般每 100 m 配尺成一把，每把最多不超过 14 节，节数以少为好，最短的不得短于 1 m，短于 1 m 的另作处理。将量好的肠衣，理齐头子，扎成一把，以免造成缺尺。扎把时，两手拿肠衣，在案头来回摆放，最后从肠中间抓起，扎成腰打把形式，不易乱把。

7. 盐渍肠衣法

腌肠时，把肠的节头解开，腌盐第 1 次，将配把的肠衣散开，均匀撒上再制盐（即肠衣加工专用盐，也可用一般食用盐），每把用量为 750 g；腌渍 1 d 后，于次日第 2 次撒盐（主要是打节处），每把用量 250 g。这时将已腌制两次盐的肠衣装入瓦缸内，压实贮存在清洁通风处，以免肠衣损坏，温度可保持在 0～10℃，相对湿度为 85%～90%。

21.3.2 成品肠衣加工

1. 浸漂折把

将半成品肠衣放入清水中浸泡、折把、洗涤、反复换水。浸漂时间，夏季不超过 2 h，冬季可适当延长。漂至肠衣散开、无血色、洁白即可。

2. 灌水分路

将漂洗净的肠衣放在灌水台上灌水分路。灌水时，一只手握水龙头开关，另一只手将肠衣按于龙头上，将水灌入。肠衣灌水后，两手紧握肠衣，双手持肠距离 30～40 cm，中间依肠自然弯曲成弓形，对准分路卡，测量肠衣口径的大小，满卡而不碰卡为本路肠衣。分路时也要检查肠衣有无破伤、漏洞等。分好路的肠衣，按路分开放置，以免混乱。盐渍猪小肠衣分路标准列表 21－1。

表 21－1　盐渍猪小肠衣分路标准

	路分						
	1	2	3	4	5	6	7
口径/mm	24～26	26～28	28～30	30～32	32～34	34～36	36 以上

3. 配码

将同一路的肠衣，在配码台上进行量码和搭配。在量码时先将短的理出，然后将长的倒在槽头，肠衣的节头合在一起，以两手拉着肠衣在量码尺上比量尺寸。量好的肠衣配成把。配把要求：小把每把两根，每根 12.5 m，每根不超过 3 节，每节不短于 1 m。大把要求每把长 91.5 m，节头不超过 18 个，每节不短于 1.37 m。

4. 盐腌

每大把肠衣用精盐 1 kg。腌时将肠衣的结拆散，然后均匀上盐，再重新打好把结，置于筛盘中，上覆白布和分路牌子。筛盘叠起，最上面加压石块，放置 2～3 d，沥去水分。

5. 扎把

将肠衣从筛内取出，一根根理开，去其经衣，然后扎成大把或小把。

6. 装桶包装

扎成把的肠衣，装在木制的“腰鼓形”的木桶内，桶内用塑料袋再衬白布袋，将肠衣在白布袋里由桶底逐层整齐地排列，每一层压实，撒上一层精盐。每桶 150 把，装足后注入清洁的热盐卤(24Bé)。最后加盖密封，并注明肠衣种类、口径、把数、长度、生产日期等。

7. 贮藏

肠衣装在木桶内，木桶横放贮藏，每周滚动一次使卤水活动防止变质。贮藏的仓库须清洁卫生、通风。温度要求在 0～10℃，相对湿度 85%～90%。还要经常检查和防止漏卤等。

主要参考文献

蒋爱民，南庆贤．1998．畜产食品工艺学进展．西安．陕西科技出版社

蒋爱民，南庆贤．2008．畜产食品工艺学．北京：中国农业出版社

蒋爱民．1996．乳制品工艺及进展．西安：陕西科技出版社

蒋爱民．1999．肉制品工艺学．西安：陕西科技出版社

金世琳．1987．乳品工业手册．北京：轻工业出版社

罗红霞．2007．畜产品加工技术．北京．化学工业出版社

骆承庠．1994．畜产品加工学．北京：中国农业大学

骆承庠．1998．乳与乳制品工艺学．北京：中国农业出版社

马美湖．2007．蛋与蛋制品加工学．北京：中国农业出版社

南庆贤．2003．肉类工业生产手册．北京：中国轻工业出版社

彭增起，蒋爱民．2005．畜产品加工学实验指导．北京：中国农业出版社

张富新，杨宝进．2002．畜产品加工技术．北京．中国轻工业出版社

周光宏．2007．畜产品加工学．北京：中国农业出版社

周永昌．1994．蛋与蛋制品工艺学．北京：中国农业出版社

GB 5413.3—2010 婴幼儿食品和乳品中脂肪的测定

GB/T 12516—1990 肉新鲜度测定

GB/T 23586—2009 酱卤肉制品

GB/T 4789.18—2003 食品卫生微生物学检验

GB/T 5009.44—2003 肉与肉制品卫生标准的分析方法

GB/T 5009.46—2003 乳与乳制品卫生标准的分析方法

GB/T 5009.5—2010 食品中蛋白质测定

GB/T 5413.30—1997 乳和乳粉杂质度的测定

GB/T 9695.11《肉与肉制品氮含量测定》

GB/T 9695.14—1988 肉制品淀粉含量测定

GB/T 9695.15—2008 肉与肉制品水分含量测定

GB/T 9695.19—2008 肉与肉制品取样方法

GB/T 9695.5—88 肉与肉制品 pH 测定

GB/T 9695.7—2008 肉与肉制品总脂肪含量测定

GB/T 9961—2008 鲜、冻胴体羊肉

ISO 14156—2001 乳和乳制品脂肪和可溶脂肪化合物的提取方法

ISO 14673—3—2004 乳和乳制品硝酸盐和亚硝酸盐含量的测定

ISO 1841—1 肉和肉制品氯化物含量的测定

NY/T 1678—2008 乳与乳制品中蛋白质的测定，双缩脲比色法

NY/T 628—2002 板鸭

NY/T 632—2002 冷却猪肉

NY/T 763—2004 猪肉、猪肝、猪尿抽样方法

NYT 802—2004 乳与乳制品中淀粉的测定